생물의 왕국

생물의 왕국

우리는 왜, 그리고 어떻게 살아남는가?

이정모 지음

책과삶

추천사

　동물 사체를 먹는 독수리는 지저분하고 몸에 이끼가 돋을 정도로 한곳에 오래 머무는 나무늘보는 느려터졌고 펭귄은 땅 위에서 어색하게 뒤뚱거린다. 정말 그럴까? 우리가 익숙한 이런 생명의 묘사는 사실 인간의 관점일 뿐이다. 역지사지라는 말이 있듯이 생명의 진면목은 인간이 아닌 그들의 시선에서 더욱 뚜렷하게 드러난다. 이 책에는 온갖 생명과 자연이 주인공 '나'로 등장한다. 지저분하고 느리고 뒤뚱거리는 모든 생명은 제각각 주어진 환경에서 성공한 소중한 존재라는 것을 알려준다. 자연의 모든 것은 객체가 아닌 연결된 주체다. 소설처럼 재밌으면서 생명의 진화와 자연의 소중함을 알려주는 멋진 책이다.

김범준(물리학자, 『범준에 물리다』 저자)

여기 플라네타리움을 체험하는 듯한 진화생물학 책이 있다. 1인칭 시점으로 서술된 각각의 챕터는 오롯이 그 생물의 시선으로 간접적으로나마 세상을 바라보는 체험의 장이 된다. 그렇게 지구 생태계에서 홀로 군림하는 듯한 오늘날의 인간이, 잠시나마 그들의 시선으로 세상을 바라보고, 그들의 존재에 공감할 수 있었다. 그 몰입감은 끊기지 않고 이어지며, 자연스레 인간이라는 존재를 되돌아보게 만든다. 그리고 밤하늘의 우주를 바라보며 시간을 거슬러 올라가고, 공간은 점차 확장된다. 이 짧지만 긴 여정을 통과하여 책을 덮는 순간, 마치 과학관의 플라네타리움 불빛이 꺼진 듯한 여운이 조용히 남는다.

갈로아(작가, 『만화로 배우는 멸종과 진화』 저자)

프롤로그

유튜브엔 아기상어만 있는 줄 알았지..
질문하는 과학의 참 즐거움이란!

"관장님, 과학은 어려운 게 아니잖아요. 과학은 어렵지 않고 쉽다는 걸 알려주는 과학관을 지어 주세요."

"관장님, 과학은 지겨운 게 아니잖아요. 과학은 지겹지 않고 신나는 거라는 걸 알려주는 과학관을 지어주세요."

2015년 서울시립과학관을 서울시 노원구 하계동에 지으면서 인근 지역 학부모들과 과학관에 대한 의견을 들을 때 많이 들은 요구 사항이다. 이때 내 대답은 한결 같았다. "죄송하지만 못하겠는데요."

아니 왜 "네, 알았습니다. 과학이 쉽고 신나는 걸 알려주는 과학관을 지어드리겠습니다"라고 시원스러운 답을 하지 못했을까? 그건 사실이 아니기 때문이다. 과학은 쉽지 않고 어렵다. 과학은 신나지 않고 지겹다. 과학만 그런 게 아니다. 역사, 정치, 경제, 심리, 예술 모두 어렵고 지겹다.

그런데 왜 과학은 유난히 더 어렵고 지겹게 느껴질까? 가장 큰 이유는 언어가 다르기 때문이다. 매년 10월엔 노벨상 수상자가 발표되면 그 사람에 대한 해설 기사가 신문에 실린다. 신문에 노벨 경제학상에 대한 전면 해설 기사가 실리면 누구나 다 읽고 이해한다. 물론 신문을 덮고 나면 잘 기억은 나지는 않지만 말이다. 평소에 경제에 관심이 없던 사람도 읽고 이해할 수 있다. 왜냐하면 자연어로 되어 있기 때문이다. 자연어란 태어나서 굳이 학원 같은 데 다니지 않고도 엄마, 아빠와 대화하면서 저절로 터득할 수 있는 언어를 말한다.

하지만 과학은 다르다. 과학은 자연어가 아니라 수학이라고 하는 이상한 비자연어로 되어 있다. 만유인력 법칙이나 광합성 반응 화학식은 정말 아름답다. 하지만 물리나 화학식을 보는 것은 마치 아라비아어 신문을 보는 것처럼 낯설다. 언어가 다르기 때문이다. 그래서 과학은 유난히 어렵고, 또 낯설게 느껴진다. 과학자에게도 과학은 어렵다. 과학자는 과학을 좋아하는 사람이지, 과학이 쉽다고 생각하는 사람이 아니다. 그러니 과학자라고 해서 과학을 쉽게 전달할 방법이 딱히 있는 것은 아니다.

과학자는 과학의 언어를 사용하고 시민은 자연어를 사용한다. 둘 사이에는 말이 잘 통하지 않는다. 물론 과학자가 시민의 언어로 풀어서 말하면 좋다. 그런데 그게 쉽지 않다. 과학자들은 워낙 바쁘기도 한데다가 오랫동안, 특히 과학만큼은 과학의 언어로만 이야기하다 보니 시민과 말이 통하지 않는다. 과학자와 시민 사이에는 통역자가 필요하다. 그를 바로 사이언스 커뮤니케이터라고 한다.

나는 과학자가 아니라 과학 커뮤니케이터다. 물론 한때 과학자이기는 했다. 그러나 서대문자연사박물관장 5년, 서울시립과학관장 4년, 국립과천과학관장 3년, 총 12년을 과학관 관장으로 일한 과학 행정가로 살았다. 다행히 떠벌이기를 좋아하는 사람이라 과학관 관장을 하면서 책, 강연, 방송으로 과학을 시민에게 전하는 과학 커뮤니케이터로 살 수 있었다. 필드에서 일하는 과학자는 아니지만 시민들은 나를 과학자로 불러주었고 나는 기쁘게 시민들과 과학 이야기를 나눴다.

그러던 어느날 예의바른 메일을 하나 받았다. '과학을 보다'라는 유튜브 채널인데 혹시 출연할 수 있느냐는 물음이었다. 나는 거절을 잘 못하는 사람이다. 특히 예의바른 사람의 부탁은 더욱더 거절 못한다. 그런데 아마 그날 나는 무척 피곤했던 것 같다. "여력이 없습니다" 정도로 아주 짧은 거절 답신을 보냈다.

고백하자면 단지 피곤했기 때문만은 아닐 거다. 피곤 때문이었다면 두 번째 메일이 왔을 때는 미안해서라도 기꺼이 참여했을 테니 말이다. 하지만 두 번째 출연요청 메일도 적당히 둘러대며 거절했다. 아마 유튜브로 과학을 전한다는 게 터무니 없게 느껴졌기 때문인 것 같다. "어려운 과학을 어떻게 유튜브로 전달해"라는 생각이 머리에 꽉 차 있었을 것이다.

이런 편견을 갖게 된 까닭은 원래 유튜브를 보지 않았기 때문이다. 나는 유튜브라고 하면 꼬마들이 아기 상어 노래를 듣는 매체 정도로만 생각하고 있었다. 그러다 어느날 '과학을 보다'를 정말 우연히 보게 되었다. 정프로, 김범준 교수, 우주먼지, 김응빈 교수가 함께 나오는 프로였다. 너무 재밌었다. 재미만 있는 게 아니라 매우 유익했다. 세 명의 과학자도 놀라웠지만 정프로의 질문은 내 뒤통수를 때리곤 했다. "아니 어떻게 저런 질문을 하지?" "왜 과학자들은 저런 생각을 하지 않았지?" 놀라운 통찰력이었다. 네 사람은 서로에게 상승 기운을 불어넣는 것 같았다.

네 사람의 수다를 보고 듣다보면 내가 행복해졌다. 그러다 생각이 들었다. 보는 내가 이렇게 행복하니, 저 네 사람은 얼마나 행복할까? 아이고, 왜 내가 그때 출연을 거절했던고…. 후회막심이었다. 나도 한 번만이라도 출연하고 싶었다. 그러다 꿈이 이뤄졌다. '과학을보다'에 몇 차례 출연한 후, 과학, 주로 동물에 관한 질문에 답하는 단독 콘텐츠의 진행을 맡게 되었다. '과학 정모'가 그것이다.

내 담당PD의 질문이 좋았다. 그는 내가 생각하지 못했던 것을 물었다. 질문에 답하다보면 신이 났다. 출연자가 신이 나는데 시청자가 왜 재미가 없겠는가? 몇 번 하다 말 줄 알았는데 아직도 그만하자는 말이 없다. 콘텐츠가 쌓였다. 이걸 어쩌나 하고 있는데 책과삶 출판사에서 콘텐츠로 책을 엮자는 제안을 했다. 얼씨구나 좋구나.

아마 이 책의 독자들은 대부분 보다 채널의 애청자들일 것이다. 즐겁게 봤듯이 즐겁게 읽어주시기를 바란다. 이 책에 뭐 대단한 지식이 있는 것은 아니다. 하지만 묻지 않으면 아무도 알려주지 않는 것들이 담겨있다. 그것도 이정모 1인칭 시점으로 답한다. 글에 음성 지원 기능이 실리도록 노력했다.

독자들이 이 책을 읽으면서 지식을 쌓기 보다는 새로운 질문을 발견하시기를 바란다. 과학은 원래 질문으로 발전하는 것이다. 보다의 많은 구독자들은 잠잘 때 머리맡에다 '과학을보다'와 같은 영상을 재생한채 잠이 든다고 한다. 그 이유는 잠이 잘 온다고. 이 책도 마찬가지다. 침대에서 읽으시라. 잠이 잘 올 것이다. 그러면 명랑한 독서 시간을 즐기시기를….

2025년 7월
백마역 앞에서
이정모

차례

추천사 • 04
프롤로그: 유튜브엔 아기상어만 있는 줄 알았지.. 질문하는 과학의 참 즐거움이란! • 06

Part. 1
진화는 정말 불공평하다

01 | 맹독과 맹수를 비웃고, 임신까지 디자인하다: 벌꿀오소리 • 17
02 | 가장 더러운 것을 먹고, 가장 깨끗하게 사는 법: 독수리 • 30
03 | 전 세계 멸종위기종이 유독 한국에선 예외인 이유: 고라니 • 44
04 | 태어난 곳도, 죽는 곳도 미스터리인 일생: 장어 • 59
05 | 가장 거대한 지배자는 가장 작은 모습으로 살아남았다: 새 • 73
06 | 나는 법을 잊었을 때, 비로소 바다를 날 수 있었다: 펭귄 • 86

Part. 2
살아남은건 다 이유가 있다

07 | 갈비뼈가 어떻게 가장 완벽한 방패가 되었나: 바다거북 • 107
08 | 나의 사촌은 바다로 가고, 나는 맛이 없어 살아남았다: 나무늘보 • 122
09 | 아마존의 생명은 나의 먼지에서부터 시작된다: 사막 • 137
10 | 나의 아름다움은 전 세계의 재앙이 되다: 무당개구리 • 159

Part. 3
가장 연약한 동물이 어떻게 지구의 지배자가 되었나

11 | 불은 뇌를 키웠고, 금은 신뢰를 만들었다: 불과 금 • **175**
12 | 몸속의 혈관과 하늘의 번개가 똑같이 생겼다?: 번개 • **205**
13 | 빨간색을 본다는 것, 이것이 우리를 지배자로 만들었다: 인간의 눈(目) • **220**

Part. 4
지구 밖 생명의 가능성: 우리는 혼자가 아니다

14 | 드넓은 우주는 생명으로 가득할텐데, 왜 우리만 홀로 존재하는가: 외계문명 • **241**
15 | 느낄 수도 볼 수도 없는 힘이 모든 것을 지키고 있었다: 자기장 • **267**

생물의 왕국 초대석: 자연이 묻고 이정모가 답하다 • **286**
도판 출처 • 305

일러두기

* 본 도서에는 독자의 이해를 돕기 위해 일부 내용에 대해 생성형 이미지(AI-generated image, GPT, Mid journey)를 활용한 사진·도해가 포함되어 있습니다.
* 이미지 제작 시에는 사실성과 과학적 정확성을 고려하였으나, 실제와 차이가 있을 수 있음을 유의해주시기 바랍니다.

Part. 1

진화는 정말 불공평하다

01

맹독과 맹수를 비웃고, 임신까지 디자인하다:
벌꿀오소리

나는 벌꿀오소리.

이름만 들으면 그저 꿀을 핥으며 살아가는 귀여운 동물처럼 보일 것이다. 하지만 착각은 금물. 나는 거친 야생 속에서 살아남은 일명 '겁 없는 전사'로 불리는 존재다.

체구는 그렇게 크지 않다. 몸길이는 겨우 70센티미터 남짓, 몸무게도 10킬로그램 정도에 불과하다. 내 작은 몸이 상대해야 하는 적들은 바로 나보다 몇 배나 큰 사자, 곰, 하이에나, 심지어 독을 품은 코브라까지 다양하다. 이 험난한 야생 속에서 나는 그 누구에게도 굴복하지 않는다. 나는 이 동물 세계에서 가장 강인한 생존 본능을 지닌 전사라고 할 수 있다.

사자와 싸워도
굴하지 않는 용맹함

태양이 머리 위에서 작열하고 있는 사바나 초원 위. 하늘은 푸르지만 지면은 뜨겁게 달궈져 있었고 먼지가 바람에 휘말려 사라졌다. 배가 고팠던 나는 그 한가운데를 당당히 걸어가고 있었다. 내 짧고 단단한 다리는 빠르고도 거침없이 사바나를 가로질렀다. 나를 향해 다가오는 포식자의 그림자 따위는 신경 쓰지 않는다. 왜냐하면 나는 벌꿀오소리. 이 거친 대지 위에서 두려움을 모르기 때문이다.

긴 풀숲 사이에서 사냥감을 찾아 움직였다. 배가 고팠다. 벌집을 찾고 싶지만 아직 내 동료인 꿀길잡이새를 만나지 못했다. 대신 땅을 뒤져 작은 설치류나 곤충을 찾기로 했다. 그때였다. 등 뒤에서 쿵 쿵 하는 묵직한 발소리가 들려왔다. 나는 멈춰서서 귀를 쫑긋 세웠다. 바람을 타고 퍼지는 비릿한 냄새. 사자였다. 나는 천천히 고개를 돌렸다.

호시탐탐 벌꿀오소리를 노리는 암사자

노란 눈을 반짝이는 암사자 한 마리가 나를 내려다보고 있었다. 사자 역시 배가 고픈 모양인지 입맛을 다시며 나를 바라보고 있었다. 녀석은 근육질의 몸을 낮추고 언제든 달려들 태세를 갖추고 있었다. 보통의 작은 동물 같았으면 벌써 도망쳤을 것이다. 하지만 나는 아니다. 나는 똑바로 녀석을 바라보았다. 그 순간 사자가 낮게 으르렁거렸다.

"네가 감히 내 영역을 넘보는군."

이곳이 이 녀석의 영역이었나 보다. 순식간에 몸을 날린 사자의 앞발이 내 머리 위로 꽂히려는 순간 나는 몸을 틀었다. 사자의 발톱이 내 등 뒤를 긁고 지나갔지만 나는 피하지 않았다. 대신 그 순간을 이용해 녀석의 다리를 향해 이빨을 박아 넣었다. 나의 강한 턱과 날카로운 발톱은 외형상의 위세를 넘어, 실제 싸움에서 상대에게 치명적인 상처를 입히는 데 결정적인 역할을 한다.

"크르르르!"

사자가 포효하며 몸부림쳤다. 녀석의 살점이 내 이빨 사이에서 찢어졌는지 비릿한 피냄새가 코를 찔렀다. 고통 속에 멈칫하는 사자의 움직임을 놓치지 않고 더 깊숙이 물었다. 사자가 거친 숨을 몰아쉬며 몸을 뒤로 빼려 했지만 내 턱은 한번 물면 쉽게 놓아주지 않는다. 나는 더 강하게 이를 악물었다. 결국 사자는 다리를 뒤로 빼면서 날 밀어냈다. 녀석의 발톱이 내 옆구리를 긁었지만 내 피부는 방탄복처럼 질기고 유연해서 깊이 파고들지 못했다. 이는 송곳니가 날카로운 대

천하의 맹수 사자앞에서도
기죽지않고 덤벼드는
벌꿀오소리

형 포식자의 이빨이나 벌의 침에도 뚫리지 않을 정도로 견고하다. 동시에, 유연한 피부로 몸을 빠르게 비틀어 공격을 회피할 수 있는 것은, 단단함과 유연함이라는 상반된 두 가지 특성을 동시에 구현한 놀라운 결과다. 사자는 한 발짝 물러서더니 나를 노려보았다.

"이 작은 녀석이 감히…."

하지만 나는 여전히 서 있었다. 숨을 몰아쉬면서도 사자에게서 눈을 떼지 않았다. 사자는 잠시 고민하는 듯했다. 다시 덤벼야 할까? 아니면 포기해야 할까? 고민하고 있던 사이 마침내 사자는 크게 포효하더니 뒤로 물러섰다. 그리고 조용히 사라졌다. 나는 승리를 확신하며 바닥을 한 번 박차고 다시 걸음을 옮겼다. 이것이 바로 내가 살아가는 방식이다.

"독사의 맹독? 내겐 소용없지."

사자와의 싸움 후 나는 다시 먹이를 찾기 시작했다. 그리고 운 좋게도 내 앞에 코브라 한 마리가 똬리를 틀고 있는 것이 보였다. 녀석과 눈이 마주쳤다. 혀를 날름거리며 몸을 부풀렸다. 위협을 가하는 행동이다.

"너, 감히 나에게 덤빌 작정이냐?"

독사의 맹독 공격에 잠시 기절한 벌꿀오소리

배가 고팠던 나는 망설이지 않았고 그대로 코브라에게 달려들었다. 너석이 번개처럼 빠르게 내 얼굴을 향해 덤벼들었다. 슉-. 뱀의 송곳니가 내 목덜미를 물었다. 맹독이 내 몸속으로 퍼져나갔다. 나는 잠시 정신이 흐려졌다. 몸이 둔해지고 다리가 풀렸다.

하지만 이것이 끝이 아니었다. 나는 쓰러졌지만 죽지 않는다. 몇 분 후 천천히 눈을 떴다. 내 몸은 강력한 독마저도 이겨낼 수 있는 면역력을 지니고 있다. 몸이 여전히 저릿했지만 다시 일어났다. 코브라는 내가 쓰러진 것을 보고 방심한 듯했다. 나는 이제 준비가 됐다. 이번에는 내가 먼저 덤벼들었다.

나는 뱀의 목덜미를 한 번에 물어채 단단히 고정했다. 너석이 몸부림쳤지만 놓아주지 않았다. 꽉! 한참이 지나자 코브라는 더 이상 움직이지 않았다. 나는 너석을 입에 물고 천천히 삼켰다. 맹독 따위가 나를 죽일 수는 없지.

완벽한 동맹, 꿀길잡이새

싸움을 마친 나는 이제 진짜 원하는 것을 찾기 시작했다. 달콤한 꿀. 그때 나뭇가지 위에서 작은 새 한 마리가 나를 향해 울어댔다. 꿀길잡이새다. 너석이 저렇게 소리를 내는 이유는 하나뿐이다. 저 앞 어딘가에 달콤한 꿀이 있다는 뜻. 나는 고개를 번쩍 들고 방향을 잡았다. 너석은 나를 보더니 몇 걸음 앞서 날아가며 다시 울었다.

벌꿀오소리의 든든한 파트너 꿀길잡이새와의 동맹

마치 "이쪽이야!"라고 말하는 듯했다.

나는 곧장 녀석을 따라가며 머릿속으로 벌집의 모양을 상상했다. 아마도 거대한 나무 구멍 속이나 바위틈 어딘가에 있을 것이다. 벌들이 가득 모여 꿀을 지키고 있겠지. 하지만 그게 뭐 어떻다는 말인가? 벌들의 독침 따위가 나에게 통할 리 없다.

드디어 도착했다. 커다란 아카시아 나무 한가운데 벌들이 윙윙거리는 소리가 들린다. 가까이 다가가자 벌떼들이 경계하며 나를 둘러싸기 시작했다. 보통의 동물이라면 이 지점에서 물러섰을 것이다. 그러나 나는 벌꿀오소리. 오히려 이 순간이야말로 가장 짜릿하다.

나는 몸을 낮추고 날카롭게 발톱을 세웠다. 꿀길잡이새가 나뭇가지 위에서 조용히 내려다보고 있다. 녀석도 알고 있을 것이다. 내가 이 벌집을 정복하고 나면 우리 둘 모두 달콤한 보상을 받을 거라는 사실을.

나는 앞발을 내질러 벌집을 향해 힘껏 후려쳤다. 단단한 나무껍질이 갈라지고 달콤한 향기가 퍼져나왔다. 순간 수많은 벌들이 일제히 나를 덮쳤다. 온몸을 바늘처럼 찌르며 맹렬하게 공격을 퍼붓는다. 하지만 나는 신경 쓰지 않았다. 내 두꺼운 피부는 벌들의 독침 따위는 가볍게 무시할 수 있을 만큼 강하다.

나는 계속해서 벌집을 파헤쳤다. 벌들은 더욱더 격렬하게 저항했지만 나는 입을 벌려 쏟아지는 꿀을 핥았다. 단맛이 혀끝에 퍼지며 온몸에 에너지가 충전되는 기분이었다. 벌집 속 애벌레들도 씹어 먹으며 단백질까지 보충했다.

꿀길잡이새가 나를 향해 소리를 냈다. 나는 고개를 돌려 녀석을 바라보았다. 그래, 너도 수고했다. 나는 남은 벌집 조각을 떨어뜨려 주었다. 녀석은 잽싸게 날아와 꿀을 쪼아 먹었다.

서로 다른 종이지만 우리는 공생 관계다. 나는 녀석 덕분에 쉽게 꿀을 찾고 꿀길잡이새는 내 덕분에 벌들의 방어선을 뚫고 꿀을 맛볼 수 있다. 야생에서 살아남기 위해선 단순히 강하기만 해서는 안 된다. 바로 협력이 필요하다.

벌꿀오소리와 스컹크

우리 족제비과 동물들은 굉장히 다양하게 존재한다. 족제비, 수달, 페럿, 스컹크 그리고 나 벌꿀오소리. 우리는 생존 전략이 서로 다르지만, 공통점이 있다면 바로 우리의 약점을 극복하기 위해 공격성이나 방어 기제를 극대화했다는 점이다.

그중에 스컹크는 너무 독특한 녀석이다. 작고 둥그런 몸, 검고 흰 줄무늬가 눈에 띄는 녀석. 하지만 스컹크를 우습게 보면 큰일난다. 녀석은 싸우는 방식을 나와는 전혀 다르게 선택했다. 나는 발톱과 이빨을 들이밀지만 스컹크는 자신만의 강력한 무기를 사용한다. 녀석의 주요 무기는 바로 냄새다.

족제비과 동물중 스컹크는 굉장히 독특한 존재로 보기와는 다르게 '냄새'라는 강력한 무기로 포식자를 퇴치한다

이건 단순한 악취가 아니다. 스컹크의 분비샘에서 나오는 끈적한 액체는 강력한 화학 무기다. 이 액체는 티올 thiol 이라는 황 화합물을 포함하고 있어, 한번 맞으면 며칠 동안 냄새가 사라지지 않는다. 게다가 눈에라도 들어가면 극심한 고통을 유발한다.

그래서 아무리 힘센 포식자라도 스컹크를 함부로 건드리지 않는다. 물론 나라고 예외는 아니다. 스컹크는 무작정 냄새를 뿌리지 않는다. 처음엔 꼬리를 높이 들어 올려 몇 번이나 경고를 보낸다. 그래도 상대가 물러나지 않으면 그때야 비로소 악취 폭탄을 퍼붓는다.

우리 족제비과 동물들은 각자만의 생존 전략이 있다. 우리들의 공통점이라고 하면 겉으로 보여지는 모습에 비해서 절대 만만한 존재가 아니라는 거다. 스컹크는 자신의 방식으로 살아가고 나는 내 방식으로 살아간다. 그리고 우리는 서로를 건드리지 않는다.

그것이 우리가 거친 세상에서 살아남는 법이다. 이것이 생존이다. 나약한 것은 강한 자의 먹이가 될 뿐. 나는 이 법칙을 받아들였다. 그렇기에 나는 살아남았다. 나는 강한 존재다.

임신을 조절하는
특별한 능력

나와 비슷한 족제비과 동물들이 가지고 있는 특별한 능력 중 하나는 바로 '임신 시기 조절'이다. 나는 내 방식대로 환경을 읽고 기회를 계산하며 언제든지 최적의 선택을 내릴 준비가 되어 있다.

무슨 말인지 이해하기 어려울 거라고 생각한다. 인간들은 정해진 배란 주기에 맞춰 생식을 한다. 즉 난자가 준비되어 있어야만 새로운 생명이 만들어질 수 있다는 거다. 하지만 우리 족제비과 동물들은 다르다. 우리는 미리 수정란을 품고 있다가 환경이 좋다고 판단이 될 때까지 착상을 지연시킬 수 있다.

"흠…. 지금 임신을 할까, 말까?"

전적으로 내 선택이라는 이야기다. 어떤가? 난 제법 멋지다고 생각하는데. 생존을 위한 최고의 전략이지 않은가. 이 사바나에서는 언제나 예측할 수 없는 일들이 무수히 많이 일어난다. 건기가 길어지면 먹잇감이 사라지고 더운 계절에는 물이 말라 버린다.

근데 이런 시기에 무작정 새끼를 낳는다면 모두 굶어 죽게 될 것이다. 나는 내 새끼를 그런 위험 속으로 내몰 생각이 전혀 없다. 환경이 나아질 때까지, 즉 충분한 먹이와 안전한 보금자리가 보장될 때까지 내 몸 안에서 생명의 시간을 멈춰둘 수 있다.

이 능력은 우리 족제비과 동물들 사이에서 흔하게 볼 수 있는 현상이다. 인간은 우리의 이런 능력을 '착상 지체' 혹은 '배아 휴면'이라고 부르는 것 같다. 연구자들은 이 현상을 더 깊이 파헤치려 하는 것 같지만 정확한 원리는 아직도 미스터리로 남아있다고하지? 다만 한 가지 확실한 것은 이 과정은 호르몬과 환경적 요인에 의해 조절된다는 것이다.

건기가 길어져 물이 말라가는 나미비아 에튜샤 국립공원

...

가끔 나는 생각한다. 사바나의 규칙이란 과연 무엇인가. 강한 자만이 살아남는 것일까? 아니. 나는 그렇게 믿지 않는다. 이 땅에서는 가장 현명한 자가 살아남는다. 때로는 싸워야 하고, 때로는 물러나야 하며, 언제나 바람과 냄새와 발자국을 읽을 줄 알아야 한다.

이런 점에서 보면 우린 단순한 무법자가 아니다. 우리 몸에는 자연이 부여한 놀라운 전략이 깃들어 있다. 우리는 무턱대고 싸우지 않는다. 적이 다가오면 먼저 위협적인 소리를 내거나 몸을 부풀리며 경고한다. 하지만 상대가 물러서지 않는다면 그때는 무자비하게 덤빈다.

왜냐고? 야생에서는 자비란 곧 약함이고 약함은 곧 죽음을 의미하기 때문이다.

우리는 한시도 안주하지않고 끊임없이 환경을 읽고 전략을 세우고 가장 적절한 타이밍에 모든 것을 실행한다. 그리고 이것은 단순한 본능이 아니다. 수백만 년 동안 이어져 온 생존의 지혜다.

인간들은 종종 나를 보며 교훈을 얻는다고 한다. 생존 본능, 두려움 없는 도전, 그리고 최적의 타이밍을 잡는 능력. 나는 내 방식대로 세상을 살아간다. 그리고 오늘도 나는 내 새끼가 태어날 완벽한 순간을 기다리며 한 치의 망설임도 없이 앞으로 나아간다.

가장 더러운 것을 먹고, 가장 깨끗하게 사는 법:
독수리

나는 하늘을 가르며 떠도는 존재다. 끝없는 바람이 나를 밀어 올리고 태양빛이 내 깃털을 스치고 지나간다. 그리고 나는 기다린다. 땅 위에서 일어나는 마지막 몸짓 그리고 정적이 드리워지는 순간을. 산맥이 깊고도 험하다. 눈이 쌓인 봉우리 아래 바위 틈새마다 그림자가 길게 늘어진다. 그 아래 누군가의 마지막이 남겨진다. 나는 죽음을 두려워하지 않는다. 오히려 나는 그것을 통해 산다. 그렇다. 나는 독수리다.

고기 대신
뼈를 먹는다고?

인간들은 우리를 보통 청소부라고 생각한다. 죽음을 쫓는 자. 검은 그림자가 되어 죽은 동물만을 찾아다닌다고. 보통의 독수리는 그렇다. 콘도르, 흰머리수리는 시각과 후각을 이용해서 죽은 동물의 사체를 찾아 먹는다. 하지만 나는 단순한 청소부가 아니다. 나는 다른 독수리들과 달리 뼈를 먹기 때문이다.

산자락 너머 희미한 뭔가가 보였다. 기다렸던 순간이었다. 나는 바람을 탄 상태로 천천히 하강하기 시작했다. 죽은 동물 사체가 아니어도 괜찮다. 나에겐 살점 따위는 필요 없다. 나에게 중요한 것은 살점보다 단단한 것. 부서지지 않는 생명의 흔적인 뼈다. 살점을 뜯어먹는 것은 다른 자들의 몫이다. 검은 독수리들이 먼저 날아와, 식사를 한다. 그들은 썩은 고기를 좋아하는 존재들이다. 그들이 배를 불린 뒤 떠나고 나면 그때가 바로 나만의 식사 시간이다.

"음~ 맛있는 냄새. 슬슬 먹어볼까?"

사람들은 나를 보며 '뼈를 먹는 독수리 bone-eating vulture'라고 부른다. 또 다른 내 이름은 '수염수리 bearded vulture'. 부리 아래 검은 깃털이 자라 있어서 그렇게 불리고 있다. 나는 '뼈를 먹는 독수리'라는 이름대로 가장 단단한 것을 보며 살아간다. 어느 누구도 건드리지 않는, 마지막까지 남겨지는 것. 살점이 모두 사라지고 바람에 말라버린 잔해들 사이에서 나는 내가 원하는 것을 찾아 다닌다. 나의 먹잇감인 뼈를 본 모두가 진심으로 궁금해하면서 물어본다.

"도대체 왜 뼈를 먹는 거야?

수염수리가 마지막으로
남겨진 뼈를 먹고있다

그 많은 것들 중에서 왜 하필 뼈야?"

그럼 나는 이렇게 대답한다.

"이 맛을 모르다니! 이게 얼마나 영양가가 풍부한데?"

뼈 안에 담긴 골수. 이거야말로 세상에서 가장 귀한 영양소다. 하지만 문제가 있다. 뼈는 생각보다 단단해서 쉽사리 부서지지 않는다. 비록 거대한 몸집을 가진 나지만 내 발톱은 약한 편에 속한다. 그래서 내가 선택한 방법은 발톱으로 뼈를 강하게 잡은 뒤 하늘 위로 최대한 올라간다. 그리고 단단한 바위를 발견하면 그 위로 조준하여 뼈를 떨어

트린다. 바위에 부딪힌 뼈는 보통 조각조각 깨진다. 한 번에 부서지지 않아도 괜찮다. 이 과정을 반복하면 그만이다. 바위에 부딪히고 쪼개진 뼈 안에서 골수가 흐르면 나는 그것을 조심스레 집어삼킨다. 담백하고 맛있는 고단백의 골수를 삼키길 몇 번, 내 식사는 이렇게 끝이 난다.

독수리는 원래 대머리다?

나를 본 인간들은 나를 대머리독수리라고 부른다. 대머리독수리라니? 무척이나 재미있는 말이다. 왜 재미있냐고? 그 이유는 바로 이름에 있다. '독' '수리'. 여기서 수리는 정수리 할 때의 수리를 말하며 으뜸이라는 뜻을 말한다. 그리고 '독'은 대머리 독 禿이라는 한자를 뜻한다. 그렇다는 말은 대머리수리를 고급지게 '독수리'라고 부르는 것이다.

> "이렇게 따지고 봤을 때 '대머리독수리'라는 말이 얼마나 재미있는 말인지 알 수 있겠지?"

뿐만 아니라 한국인들은 독수리라는 단어를 더욱 넓은 범위에서 사용하고 있다. 올빼미와 부엉이를 모두 owl이라고 부르는 것처럼, 한국인들은 vulture 벌처 와 eagle 이글 을 모두 독수리라고 부른다. 하지만 우리 사이에는 명확한 차이가 있다. 벌처, 즉 나 같은 독수리는 죽은 고기를 먹는 존재들이다. 반면 이글은 사냥꾼들이다. 그들은 살아있는 동물을 잡아먹고 강력한 발톱과 부리를 가진 존재들이다.

나는 그들과 엄연히 다르다. 나는 정확하게 말하자면 죽은 동물

부패하고 썩은 고기를 먹는 대머리 독수리

을 먹는 청소부고, 그들은 직접 동물들을 사냥하는 사냥꾼이다. 하지만 이 차이를 제대로 아는 인간들은 별로 없다. 그들에게는 이글과 벌처는 단순히 독수리일 뿐이다.

"근데 이글은 털이 있는데 벌처는 왜 대머리야?"

그래, 이런 질문을 자주 듣는다. 그리고 머리털이 없는 이유를 들으면 모두들 같은 반응을 한다.

"아~ 그럼 없는 게 오히려 좋네!"

우리 독수리들은 썩은 고기 사이로 머리를 깊숙하게 밀어 넣어야 한다. 이때 썩은 고기에서 나오는 피와 점액질, 부패한 세균 등으로 범

벅이 된다. 우리의 주식이 이것이기 때문에 어쩔 수가 없다. 이때 만약 머리에 깃털이 있으면 어떻게 될까? 우리는 감염의 위험에 노출된다. 그리고 매번 식사를 할 때마다 각종 오염물질을 걸러내야 할 것이다. 하지만 지금처럼 머릿털이 없으니 햇빛이 그대로 내 살갗에 닿아 곧바로 말릴 수 있고 바람은 오염을 씻어낸다. 그리고 자외선은 소독을 시켜준다. 한 번 고개를 털기만 하면 내 몸은 곧바로 깨끗해진다. 오히려 대머리이기 때문에 더 건강하게 살아갈 수 있다고나 할까?

하지만 가끔씩 그런 생각을 해보기도 한다. 살아있는 동물들을 사냥하는 '수리', 이글들은 우리를 어떻게 생각할까? 우아하게 곡선을 그리며 하늘을 날고 강력한 부리와 발톱으로 단숨에 제압하여 사냥하는 그들은 가끔 우리를 내려다본다. 마치 다른 세계의 새처럼 나와는 전혀 다른 방식으로 생존하는 자들. 그들의 날카로운 눈빛이 내 턱 밑을 스쳐 지나갈 때 문득 드는 생각이 있다.

그들이 우리를 공격한다면?

그럴 수도 있을 것이다. 본디 사냥이란 본능이고 강한 자가 약한 자를 먹는 것은 야생의 법칙이다. 그것이 자연의 이치다. 하지만 실상은 다르다. 수리는 결코 쉽게 우리를 공격하지 않는다. 할 수 있지만 하지 않는다. 그들에게 우리는 '먹을 만한 고기'가 아니다. 몸집은 크고 날개는 강하지만 체내에 축적된 독소와 병원균은 맛없는 식사 이상의 위험을 내포하고 있다. 게다가 나도 호락호락하지 않다. 내가 맨 머리인 이유는 단지 위생 때문만은 아니다. 그만큼 용맹하고 그만큼 생존을 위해 단련된 몸이기 때문이다.

무엇보다도 세상엔 먹을 것이 널렸다. 겨울이 깊어질수록 눈 위로 작은 생명들이 자주 흔적을 남긴다. 토끼가 남긴 발자국, 쥐의 구멍, 고라니의 흔적. 살아있는 것들은 언제나 이동하고 그 이동의 끝에는 늘 사냥꾼이 있다. 수리는 더 쉬운 길을 택한다. 우리를 공격하는 것은 그들에게도 큰 리스크다. 그러니 그들은 우리를 가만히 두고 우리는 그들을 가만히 바라본다.

그렇게 하늘은 나를 품고 있고 땅은 나에게 먹이를 건넨다. 대머리라는 이름 속에는 수천만 년 동안 축적된 생존의 철학이 녹아 있다. 누구보다 위생적이고 누구보다 전략적인 생존자. 나는 벌처, 시체를 먹는 새, 대머리독수리다. 죽음을 마주하며 살아가는 존재이며 그 속에서 나는 나름의 품위를 지켜낸다.

이 민머리야말로 내가 살아남을 수 있었던 가장 완벽한 무기다.

**독수리 비행에
숨은 비밀**

비행, 사실 쉬운 일은 아니다. 우리같이 몸짓이 큰 새들은 이론상으로 따지면 날 수 없다. 왜냐하면 무겁기 때문이다. 그럼에도 불구하고 우리같이 큰 새들은 비행을 할 수 있다.

"무거운데 어떻게 비행을 해?"

"어떻게 비행을 하냐고? 상승기류를 타고 비행을 하지.
나는 비행할 때 결코 내 힘을 쓰지 않아."

그렇다. 우리가 아무리 힘이 세고 큰 날개가 있어도 덩치가 커서 쉽사리 날지 못한다. 그렇기 때문에 내가 선택한 방법은 바로 상승기류를 이용하는 것이다. 상승기류는 태양열로 지면이 가열되면 따뜻한 기운이 올라가 상승기류가 발생한다. 이때 나는 이 상승기류를 찾아 빙글빙글 돌다가 이것을 발견하면 상승기류를 타고 쭉 올라간다. 그것을 '서클링'이라고 부른다.

"해가 안 뜨는 날은? 어떻게 나는데? 그 날은 굶는 거야?"

"그럴 리가."

"그럴 때는 지형을 이용하지."

절벽 또는 산을 이용하는데 바람이 산에 부딪히면 상승기류가 자동으로 생긴다. 그것을 '오로그래픽 상승기류'라고 부른다. 나는 이렇게 생긴 바람을 타고 부드럽게 이동하며 비행한다. 이 상승기류를 타고 고도에 이르면 이제 내 자랑인 커다란 날개를 펼치며 '글라이딩'을 하는 것이다. 보통 새들은 날개가 크고 몸은 가벼운 편이다. 그리고 뼈는 텅텅 비어 있다. 또 공기 주머니가 있기 때문에 몸을 띄울 수 있다.

오로그래픽 상승기류를 이용해 비행하는 독수리

"자, 날개를 봐. 깃털들이 갈라져 있지?"

"그러네!"

이렇게 갈라진 깃털이 '터빈 역할'을 하여 공기의 흐름을 최소화해준다. 그렇기 때문에 빨리 가는 것이 아닌, 낮은 속도로 천천히 날 수 있다.

"우린 굳이 빨리 날아갈 필요가 없어."
"왜?"

"우리가 하늘을 나는 이유는 먹이를 찾기 위해서니까."

빨리 날아다니면 먹이가 보이지 않기에 결코 빠르게 비행하지 않는다. 나의 비행시간 중 99퍼센트는 글라이딩, 날갯짓은 단 1퍼센트. 참고로 재미있는 사실을 알려줄까? 작은 새들보다 큰 새들이 비교적 오래 산다. 왜냐? 높은 에너지 효율로 날갯짓을 적게 해도 되기 때문이다.

벌처와 이글,
독수리와 수리의 사냥법

내 날갯짓은 크고 느리다. 급하지 않다. 나는 사냥꾼이 아니다. 나는 벌처, 이 하늘의 청소부다. 하늘 위에서 나는 이글들과 함께 선회한다. 그들은 긴장으로 몸을 조이고 언제든지 급강하할 준비가 되어 있다. 사냥감을 발견하면 이글들의 눈은 날카롭게 변한다. 3킬로미터 위에서도 토끼 한 마리의 움직임을 읽을 수 있다. 그들의 몸은 강하고 빠르다. 시속 240킬로미터로 땅을 가르며 내려가 6센티미터의 날카로운 발톱으로 먹잇감을 움켜쥔다. 그 발톱은 인간의 악력보다 열 배나 세다지. 그 힘으로 작은 생명을 짓이기고 부리로 숨통을 끊는다.

"와, 이번에도 대단한걸!"

나는 그것을 보며 감탄한다. 하지만 나는 다르다. 나는 그들이 떠난 자리, 그들이 남긴 잔해를 따라간다. 나는 사냥하지 않지만 굶주리지도 않는다. 생명은 언젠가 끝나고 그 끝에는 나 같은 존재가 필요하다. 나는 그것을 안다.

육지와 바다를 가리지않고 사냥을 시도하는 독수리

    내 시력은 만만치 않다. 멀리서도 죽은 살점, 들짐승의 고동이 멎은 형체를 알아본다. 해 뜬 지 오래지 않은 고원 지대에서 김이 올라오면 그것이 피에서 나오는 수증기라는 걸 알아챈다. 나는 곧장 그곳으로 향한다. 날개는 거칠지만 넓고 열 기류를 타고 효율적으로 하늘을 돈다. 나는 속도보다 지속력을 택했다. 나는 오랫동안 떠 있을 수 있다.

"어디서 맛있는 냄새가 나는데?"

    땅 가까이 내려오면 냄새가 진하다. 고기가 썩어가는 냄새 바로 그 냄새는 나에겐 생명이다. 살아 있다는 증거다. 다른 새들이 고개를 돌리고 멀리 날아갈 때 나는 내려앉는다. 부리로 살을 찢고 가죽을 물어뜯는다. 내 목은 깃털이 없다. 피와 고름이 묻어도 쉽게 털어낼 수 있게끔 진화했다.

어떤 인간들은 나를 보고 더럽다고 한다. 죽은 동물을 먹는다고. 하지만 나는 묻고 싶다. 죽은 것을 먹는 게 더럽다면 죽은 것을 파묻는 건 깨끗한가? 나는 썩은 고기를 먹음으로써 질병의 확산을 막고 생태계를 정리한다. 나는 땅에 닿기 전 모든 것을 처리하는 생명이다. 나는 청소부다. 생명을 끝까지 돌보는 존재다.

사냥하는 이글들도 나를 무시하지 않는다. 검독수리는 부부가 협력하여 사냥한다. 한쪽이 몰고 한쪽이 잡는다. 그들의 전략은 치밀하고 정교하다. 그들은 뼈가 단단한 염소나 새끼 사슴을 들고 절벽 위로 올라가 떨어뜨린다. 충격으로 뼈를 부숴뜨리고 살점을 찢는다.

"배부르다. 이제 가자."

"이제 우리 차례네!"

나는 그 뒤를 따른다. 그들이 배를 채우고 떠나면 나는 남은 것을 먹는다. 나는 욕심이 없다. 내가 필요한 몫만 남겨져 있다면 그것으로 만족한다. 부리는 강하지 않지만 충분히 뼈를 쪼갤 수 있고 내 장은 강산성으로 어떤 고기도 소화해낸다. 병든 고기라도 내게는 두렵지 않다.

나는 하늘에서 무리를 지어 날지 않는다. 그러나 어떤 시기엔 수십 마리가 함께 먹잇감을 두고 모인다. 그 자리는 격렬하고 시끄럽다. 서로 쪼고 밀치고 차지하기 위한 다툼이 벌어진다. 하지만 그런 날도 끝나면 다시 홀로 하늘을 돈다. 고요하다.

썩어가는 고기를 먹음으로써 생태계를 정리하고 보호하는 역할을 한다

　　내 삶은 기다림이다. 나는 하늘의 순환을 믿는다. 사냥이 일어나고 생명이 끝나며 내 자리가 생긴다. 나는 시끄럽지 않게 조용히, 그러나 반드시 필요한 존재로서 그 자리를 채운다.

　　가끔은 먹잇감이 없어 며칠을 굶기도 한다. 그러나 배고픔은 견딜 수 있다. 기다릴 줄 알면 언젠가는 찾아온다. 굶주림 끝에 찾은 한 끼는 천천히 음미한다. 하늘의 축복처럼 느껴진다. 인간들이 나를 올려다보며 말한다.

　　　　"날개는 있지만 사냥하지 않아."

　　나는 그 말에 고개를 끄덕인다. 나는 날개가 있지만 사냥감을 쫓지 않는다. 나는 시간을 쫓는다. 생명의 끝을 기다린다. 그리고 마지막 조각을 먹는다. 오늘도 나는 날개를 펴고 떠오른다. 아래에서 무언가 멈추기를 기다리며. 생명이 사라질 때 나는 나타난다. 그렇게 나는 오늘도 이 하늘의 필요로 존재한다.

03

전 세계 멸종위기종이 유독 한국에선 예외인 이유:
고라니

숲속을 조용히 걷고 있다. 내 작은 몸에 비해서 길고 날카로운 송곳니가 입 밖으로 드러나 있다. 나는 고라니다. 사슴의 친척이라고 불리는 존재 그것이 바로 나다. 사슴들은 거대한 뿔을 자랑하며 힘과 위엄을 과시하지만 나는 뿔 대신 작고 날렵한 몸과 송곳니를 선택했다. 송곳니는 내 종족들이 오랫동안 생존할 수 있는 현명한 진화의 흔적이라고 할 수 있다. 이 진화의 흔적을 감사하게 여기며 나는 오늘도 깊은 숲속을 유유히 걷고 있다.

**멸종위기종인 고라니가
한국에서만 넘쳐나는 이유**   나는 숲 가장자리에 서서 조용히 주변을 살폈다. 바람이 살며시 스쳐 지나고 내 작은 귀가 바짝 긴장한 채 흔들린다. 작은 몸집과 재빠른 발걸음 덕분에 포식자의 위협에서 언제든지 몸을 숨길 준비가 되어 있다. 한국에선 나를 고라니라고 부르지만 외국에서는 나를 '뱀파이어 디어 vampire deer'라고 부른다. 처음 그 말을 들었을 때는 이유를 알 수 없었다. 나는 흡혈귀도 아니고 오히려 온순하고 겁이 많은 동물일 뿐인데 말이다.

그러나 수면에 비친 내 모습을 보면 이유를 조금은 알 수 있었다. 내 입 위턱에서 길게 자란 송곳니가 아래쪽으로 돌출되어 있다. 송곳니는 수컷인 나에게만 나타나는 특징으로 어쩌면 인간들이 말하는 뱀파이어의 송곳니처럼 보일지도 모른다는 생각이 들었다. 같은 특징을 가진 사향노루라는 동물이 있다고 들었지만 사향노루는 한국 땅에서는 이미 사라진 지 오래다. 사향노루는 몸에서 나는 독특한 향기 때문에 인간들의 사냥 표적이 되어 결국 이 땅에서 멸종하고 말았다.

우리는 사실 사슴이 아니다. 가끔 노루나 사슴과 우리를 혼동하지만, 우리는 사슴과 Cervidae 안에서도 고라니속 Hydropotes에 속하는 별도의 종이다. 사슴들은 크고 웅장한 뿔을 자랑하지만 우리는 그런 화려한 뿔 대신 날카로운 송곳니를 선택했다. 우리의 먼 조상은 뿔이 없었고 오직 송곳니만이 있었다. 시간이 흘러 사슴은 송곳니를 포기하고 뿔을 발전시켰지만 작은 몸집의 우리에게는 뿔이 오히려 짐이 될 뿐이었다. 뿔을 유지하기 위해서는 칼슘과 에너지가 많이 필요했고 숲속에서 민첩하게 움직이며 숨어서 살아가는 우리에게는 불리했다.

'뱀파이어 디어'라 불리는 고라니는 날카로운 송곳니에 비해 온순하고 겁이 많은 동물이다.

우리는 뿔 대신 송곳니를 유지한 채 진화의 길을 걸었다. 이 선택 덕분에 우리는 작은 몸으로도 민첩하게 숲속에서 생존할 수 있었다. 사슴이 약 2500만 년 전에야 뿔을 진화시키기 시작했지만 우리는 이미 3000만 년 전에 원시적인 형태를 갖춘 상태로 존재하고 있었다.

하지만 이상하게도 전 세계에서 우리의 숫자는 급격히 줄고 있다. 우리는 멸종위기종으로 지정되어 보호받고 있으나 놀랍게도 한국 땅에는 약 75만 마리나 살고 있다. 세계 고라니 개체 수의 90퍼센트가 이 작은 한국 땅에 존재한다는 사실이 우리에게조차 놀라운 일이었다. 다른 나라에서는 우리를 보호해야 할 존재로 여기지만 이곳 한국에서는 우리 수가 너무 많다며 오히려 개체 수를 조절하기 위해 사냥을 허용할 정도다.

우리의 숫자가 이렇게 늘어난 이유는 분명하다. 우리의 천적이 거의 사라졌기 때문이다. 과거에는 늑대, 표범, 호랑이, 스라소니 같은 무서운 포식자들이 있었다. 그러나 이제 한국의 숲에서 이들 포식자는 모두 사라지고 남은 것은 삵, 오소리, 수리부엉이 같은 작은 포식자들뿐이다. 이들은 크기가 작아 우리를 사냥하는 데 능숙하지 않다. 그래서 우리는 자유롭게 번성할 수 있었다.

게다가 우리의 먹이 환경도 좋아졌다. 우리는 풀과 농작물, 과일을 즐겨 먹는다. 최근 겨울이 점점 따뜻해져 겨울을 견디기가 쉬워졌고 1970년대 이후 인간들이 벌인 산림 녹화 정책 덕분에 숲은 더욱 울창해졌다. 도시 사이에 숲이 섬처럼 고립된 환경에서도 우리는 빠르게 적응했다. 인간들이 만든 도로와 불빛이 가득한 밤에도 우리는 살아가는 법을 터득했다.

번식력도 우리의 생존을 도왔다. 임신 기간이 짧아 약 6개월 만에 두세 마리씩 새끼를 낳는다. 보통 야생에서는 많은 새끼들이 포식자에게 잡혀 먹어 성체가 되지 못하지만 한국에는 천적이 거의 없어서 태어난 새끼 대부분이 성체로 자란다. 그렇게 우리의 숫자는 폭발적으로 늘어났고 이제는 자동차가 우리의 유일한 천적이라고 할 수 있다.

인간들이 자동차를 몰며 지나갈 때마다 우리는 긴장한다. 어둠 속에서 갑자기 나타나는 밝은 불빛에 놀라 때로 도로 위에서 생을 마감하기도 한다. 그러나 그 위험에도 불구하고 우리는 이 땅에서 생존하는 데 성공했다. 하지만 나는 인간들이 운전할 때 조금만 더 조심해 주었으면 하는 마음이다.

고라니가 밤마다 시끄럽게 소리 지르는 이유

깊은 어둠이 숲을 감싸고 있는 밤, 조심스럽게 숲의 가장자리에 섰다. 공기 중엔 긴장감이 가득했다. 내 작은 몸은 언제라도 도망칠 준비가 되어 있었고, 숲속 어딘가에 숨어 있을 포식자의 존재를 민감하게 느끼고 있었다. 하지만 오늘은 그냥 도망치기 위해 나온 것이 아니었다. 내게는 더 중요한 목적이 있었다. 번식기였다.

나는 숨을 깊게 들이쉬고 모든 용기를 모아 소리를 질렀다.

"으악!"

내 울음소리가 숲 전체에 울려 퍼졌다. 고요했던 밤이 한순간에 깨졌고 멀리까지 울려 퍼진 내 소리는 분명히 포식자들의 귀에도 들렸을 것이다. 언뜻 생각하면 위험하고 어리석은 행동이었다. 위치가 노출된다는 것은 생존에 불리할 수밖에 없었다. 하지만 이 소리는 나에게 매우 중요한 의미가 있었다.

번식기 동안 나는 암컷들에게 내 존재를 알려야 한다. 내 울음소리가 크고 강할수록 나는 더 강력한 존재로 여겨진다. 다른 수컷들에게도 내 영역을 명확히 표시하는 행동이다. 내게 있어 영역은 생존의 필수조건이다. 우리는 원래 단독생활을 한다. 혼자 살아가는 만큼 내 영역은 더욱 중요하고 이 영역을 지키기 위해서는 내 힘과 존재감을 보여주는 것이 필요하다.

나는 다시 한 번 더 크게 소리를 질렀다.

"으악!"

이번 울음소리는 더욱 강하고 단호했다. 나는 마치 내 존재를 세

생존을 위해 선택한 고라니의 울음. 이는 번식을 위한 존재감 과시이자, 경쟁 수컷과 포식자들을 향한 경고이다.

상에 선명히 새기는 듯한 기분이었다. "내가 여기 있다! 내 영역에 들어오지 마!"라고 말하는 것이나 다름없었다.

특히 나를 노리는 포식자들에겐 나의 위치를 알리는 꼴이다. 삵이나 수리부엉이 같은 작은 포식자뿐 아니라 혹시라도 근처를 지나던 인간에게 들킬 수도 있다. 하지만 이 소리는 또한 내 강인함을 드러내는 방식이기도 하다. 포식자들은 대개 기습적으로 사냥을 한다. 하지만 내가 소리를 지르면 그들도 나를 쉽게 잡을 수 없다는 것을 안다. 내 울음소리는 포식자들에게도 일종의 경고다.

> "나는 네가 어디 있는지 알아. 나를 쉽게 잡을 수 없어.
> 차라리 헛수고하지 말고 가던 길 가."

이것이 바로 내 울음소리에 담긴 메시지다. 나는 실제로 매우 민첩하다. 만약 포식자가 다가오면 나는 숲속으로 빠르게 사라질 준비가 되어 있다. 아프리카의 영양이 사자 앞에서 일부러 높이 뛰는 것과 비슷한 행동이다. 사자 앞에서 폴짝폴짝 뛰는 영양은 자신이 얼마나 빠르고 민첩한지 보여주면서 사자에게 사냥을 포기하라는 신호를 보내는 것이다. 내 울음소리 역시 비슷한 전략이다.

번식기의 욕구는 포식의 위험을 넘어서는 강력한 본능이다. 동물에게 가장 중요한 본능은 결국 자신의 유전자를 다음 세대로 넘겨주는 것이다. 내가 울지 않고 숨어 있으면 목숨은 유지할 수 있겠지만 번식을 하지 못하면 내 존재는 결국 끝나고 만다. 번식을 하지 않는 삶은 생존의 의미가 없다.

그렇기 때문에 나는 위험을 무릅쓰고서라도 소리를 지르는 것이다. 생존을 위해 목숨을 걸고 내 존재를 알려야 한다. 나는 다시 한 번 용기를 내어 더 강하게 소리친다.

"으악!"

숲속이 흔들리는 듯한 울음소리다. 나는 이 순간이 내 존재 이유를 보여주는 가장 중요한 순간이라는 것을 알고 있다. 번식을 통해 내 유전자를 남기고 내 생명을 다음 세대로 이어가야만 한다. 이 위험을 감수하지 않는다면 나는 존재의 목적을 잃고 말 것이다.

숲속에서 희미하게 다른 수컷들의 소리가 들렸다. 그들의 소리는 내 영역 경계 너머에서 울려 퍼진다. 나는 귀를 곤두세우고 내 영역을 지킬 준비를 한다. 이 밤, 나의 운명은 내가 얼마나 용기 있게 내 존재를 드러내느냐에 달려 있다.

이제 나는 포식자의 위험을 뒤로하고 숲 깊은 곳으로 몸을 숨긴다. 내 목숨을 건 울음소리는 이미 숲 전체에 울려 퍼졌고, 나는 암컷들이 이 울음소리를 들었으리라 믿는다. 내 존재를 알린 이상 이제 나는 암컷들이 내게 다가오기만을 기다릴 뿐이다.

이렇게 나는 목숨을 걸고 번식을 위한 싸움을 계속한다. 내 삶은 위험과 생존 본능의 끊임없는 줄다리기다. 하지만 그것이 바로 내가 살아가는 이유고 그 이유를 위해 나는 오늘 밤도 계속해서 숲이 떠나가라 울어댈 것이다.

사슴들의 송곳니가 퇴화한 이유

내가 비록 작은 초식동물이지만 이 송곳니는 생존과 깊이 연관된 중요한 진화의 흔적이다. 송곳니는 언뜻 보기엔 포식자나 육식동물이 먹이를 사냥할 때 사용하는 도구처럼 보일 수 있다. 하지만 내 송곳니는 공격이나 먹이를 먹기 위한 것이 아니다. 나는 초식동물이다. 풀과 잎, 과일을 먹으며 살아간다. 송곳니로 먹이를 찢을 이유가 전혀 없다. 그렇다면 이 송곳니는 왜 내게 존재하는 걸까?

송곳니는 수컷에게만 있다. 암컷들에게는 송곳니가 없다. 만약 송곳니가 먹이나 방어를 위한 무기라면 암컷에게도 존재해야 한다. 즉 송곳니는 단지 수컷들 간의 경쟁에서 나의 힘을 과시하기 위한 용도로 존재한다. 번식기에는 다른 수컷들과 영역을 다투고, 자신의 우월함을 과시하는 것이 매우 중요하다. 내가 가진 긴 송곳니는 그런 경쟁에서 강력한 상징이다.

하지만 포식자가 나타날 경우를 대비해서도 송곳니가 완전히 쓸모없는 것은 아니다. 나는 기본적으로 포식자를 만나면 도망치는 전략을 사용한다. 숲속에서 빠르게 도망치는 것이 나의 가장 큰 생존 전략이다. 그러나 가끔 도망칠 수 없는 상황도 있다. 그런 순간에 송곳니를 마지막 수단으로 사용한다. 물론 나는 잘 알고 있었다. 송곳니가 포식자들에게 충분한 위협이 될 리 없다는 것을. 중과부적 衆寡不敵 적은 수가 많은 수를 이길 수 없다는 것을 잘 알고 있다.

그럼에도 불구하고 가끔 나는 용기를 내어 송곳니로 포식자를 위협한다. 이것은 쥐가 위험을 느꼈을 때 보이는 행동과 비슷하다. 평소에는 도망을 가거나 얼어붙어 버리지만 막다른 길에 몰리면 앞니로 적을 물어 뜻밖의 저항을 한다. 뱀이나 고양이 같은 포식자들이 갑작스러운 저항에 당황한 사이 쥐는 도망갈 수 있다. 나의 송곳니도 그런 식으로 마지막 순간의 저항 수단이다.

"그러면 왜 다른 사슴들은 이런 송곳니가 없어진 거야?"

내 조상 역시 처음에는 지금의 나처럼 송곳니가 있었다. 그러나 시간이 지나면서 덩치가 점점 커지고 환경이 달라지자 송곳니는 필요가 없어졌다. 큰 사슴들은 숲보다는 넓은 초원에서 살아가기 시작했다. 덩치가 크고 사회성이 있는 사슴에게는 송곳니보다 뿔이 더 적합했다. 큰 사슴들이 영역을 다투거나 포식자로부터 자신을 방어할 때 뿔은 매우 유리한 도구였다.

뿔은 송곳니와 달리 부러져도 계속 다시 자란다. 한번 부러지면 끝인 송곳니와는 큰 차이다. 또한 뿔은 충격을 흡수하는 능력도 뛰어나고 포식자들에게는 강력한 위협으로 작용한다. 포식자는 뿔을 가진 사슴을 공격하기 전에 여러 번 망설인다. 게다가 뿔은 원거리에서 방어가 가능하다. 송곳니는 아주 가까이 와야만 사용할 수 있지만 뿔은 거리를 두고서도 위협할 수 있다.

또한 사슴들의 먹이가 바뀌었다. 예전에는 나무껍질이나 거친 풀을 먹었지만 시간이 흐르면서 부드러운 풀과 과일이 주식이 되었다. 부드러운 먹이를 먹는 데는 송곳니가 전혀 필요 없었다. 오히려 방해만 될 뿐이었다.

하지만 나처럼 작은 고라니에게는 송곳니가 여전히 필요하다. 숲속에서 작은 몸으로 살아남으려면 빨리 도망칠 수 있어야 하고 작은 덩치에 뿔이 있다면 오히려 도망가는 데 걸리적거릴 뿐이다. 내 몸집에 뿔이 크면 숲을 빠르게 빠져나갈 수 없다. 결국 나는 뿔을 선택하는 대신 송곳니를 유지한 채 살아가게 되었다.

그렇기에 작은 몸집의 나는 지금도 숲속에 남아 있을 수 있었다. 반면 한국의 환경에서는 큰 몸집을 가진 사슴들이 오히려 불리했다. 그래서 결국 사슴들은 야생에서 점점 사라지고 고라니인 나만 많이 살아남았다. 내 송곳니는 그런 내 삶과 진화의 역사를 고스란히 보여 주는 존재다.

진화를 통해 얻은
사슴뿔의 놀라운 기능

가끔 멀리서 우뚝 서 있는 사슴을 바라보곤 했다. 그들은 웅장한 뿔이 있었고,

사슴에게 뿔은 자신의 힘을 과시하고 번식기의 경쟁에서 우위에 설수있는 중요한 역할을 한다

내 작은 몸과 길게 자란 송곳니와는 완전히 다른 모습이었다. 사슴의 뿔은 매년 새로 자라나는 신비로운 뼈였다. 나는 사슴들의 뿔을 보며 늘 경이로움을 느꼈다. 그들의 뿔은 매년 떨어지고 다시 새롭게 자라는 아주 독특한 특징이 있다.

내가 알기로 사슴의 뿔은 뼈와 같은 골질 구조로 되어 있다. 이 뿔은 세상에서 가장 빠르게 자라는 뼈로 하루에 2.5센티미터씩이나 자랐다. 빠른 속도로 뼈가 자라나는 것을 보고 있으면 놀라울 정도다. 사슴의 뿔이 처음 자라기 시작할 때는 표면에 벨벳이라고 부르는 얇고 부드러운 피부층이 덮여 있다. 그 벨벳층은 마치 고운 천과 같은 감촉이고 뿔이 완전히 자라 단단해질 때까지 보호하는 역할을 한다. 그리고 마침내 뿔이 다 자라면 벨벳층은 서서히 벗겨지고 견고하고 날카로운 뿔만 남는다.

"어때? 내 뿔 멋지지 않아?"

사슴에게 뿔이 가장 중요할 때는 번식기다. 그 시기에는 뿔이 가장 크고 화려하게 성장하여 수컷들은 서로 경쟁하고 암컷들에게 자신의 힘을 과시한다. 번식기가 끝나면 사슴들은 더 이상 뿔을 유지하지 않는다. 뿔은 저절로 떨어지고 다시 다음 해를 위해 준비가 시작된다. 그렇게 매년 신비로운 순환이 계속된다.

인간들은 사슴의 뿔을 두 가지 상태로 구분한다. 다 자라 단단하게 굳은 뿔을 녹각이라 하고, 아직 자라고 있는 부드러운 상태의 뿔을 녹용이라 부른다. 녹용은 말랑말랑하고 연하며 뿔에 혈관이 존재하여 영양분이 풍부하게 공급된다. 인간들은 오래전부터 녹용의 효능에 큰 관심을 보였다. 그들은 녹용이 면역력을 높이고 피로회복에 아주 효과적이라고 믿는다. 실제로 인간들이 연구한 결과 녹용에는 몸에 좋은 영양 성분들이 풍부하게 포함되어 있었다.

한때 인간들은 녹용을 거의 만병통치약처럼 여겼다고 한다. 그러나 내가 보기에도 그건 조금 과장이었다. 모든 동물과 마찬가지로 녹용의 효과도 사람에 따라 차이가 있다. 특히 발육이 잘 되지 않는 어린 아이들이나 중년 남성들이 녹용을 주로 섭취했다. 인간들은 녹용이 몸에 좋다는 믿음으로 이를 적극적으로 이용했다.

사슴에게 뿔은 포식자로부터
자신을 보호하고 수컷들 간의 경쟁에서
강력한 도구다

내 송곳니는 그런 뿔과는 완전히 달랐다. 송곳니는 단 한 번만 나고 부러지면 다시 자라지 않는다. 그래서 나는 내 송곳니를 늘 조심히 다루어야 한다. 결국 사슴들이 뿔을 발전시키고 유지하게 된 이유는 그들의 생활 방식과 환경 때문이었다.

넓고 탁 트인 초원이나 들판에서 살아가는 사슴들에게 뿔은 포식자로부터 자신을 보호하고 수컷들 간의 경쟁에서 강력한 도구가 되었다. 또한 뿔은 부러지더라도 계속해서 자라나는 특성이 있어 생존에 매우 유리했다.

반면 나는 작은 몸집으로 숲속에서 조용히 살아가야 했다. 내 송곳니는 크지 않았고 화려하지도 않지만 포식자와 마주쳤을 때 나를 보호할 수 있는 최후의 수단이다. 그러나 대부분의 경우 나는 위험을 피하는 것이 최선의 전략이라는 것을 잘 알고 있다.

가끔 나는 사슴들의 커다란 뿔을 부러워하기도 했지만 동시에 내 송곳니에 감사한다. 각자의 환경과 삶에 맞는 진화를 통해 우리는 서로 다른 모습으로 살아가고 있다. 사슴의 뿔에 매년 새로 자라나는 놀라운 능력이 있다면 내 송곳니는 내가 숲에서 삶을 유지해 갈 때 중요한 역할을 한다.

04

태어난 곳도, 죽는 곳도 미스터리인 일생:
장어

내 삶은 한 편의 복잡한 퍼즐과도 같다. 강에서 긴 세월을 보내고 이제 바다를 향하는 마지막 여정을 떠나는 중이다. 나는 바다의 부름을 느끼며 본능적으로 앞으로 나아가고 있다. 인간들은 궁금해한다. 우리가 어디에서 태어나고 어디에서 마지막을 맞이하는지에 대해서 말이다. 내 삶은 그 누구도 알지 못한다. 그래서 내 삶을 퍼즐이라고 표현하고 싶다. 미지의 바다에서 시작해 낯선 강으로 오랜 여행을 떠나지만 결국 다시 바다로 돌아가는 운명. 나는 지금 그 운명의 끝자락에서 비밀이 가득한 바다로 향해 헤엄치고 있다. 미스터리로 가득한 삶, 나는 장어다.

아직도 밝혀지지 않은
장어 미스터리

깊고 차가운 마리아나 해구 속에서 나는 긴 몸을 흔들며 조용히 앞으로 나아갔다. 미끈한 피부와 기다란 몸 때문에 인간들은 나를 뱀과 헷갈려 하기도 하지만 나는 분명 물고기다. 길 장長, 물고기 어魚. 긴 몸을 가진 어류 바로 장어다.

내 기억의 끝자락은 아득하게 멀다. 내가 알에서 깨어났을 때 처음으로 눈을 뜬 곳은 검푸른 바닷속이었다. 그곳은 깊고 어두웠지만 나를 보호하는 듯한 안정감이 있었다. 그리고 나는 어린 몸을 이끌고 해류를 따라 기나긴 여행을 시작했다. 바다에서부터 강 하구로, 다시 강을 따라 먼 길을 올라가 민물에서 긴 시간을 보냈다.

내 삶은 회유라는 한 단어로 설명된다. 바다에서 태어나 강으로 가고 다시 바다로 돌아가는 여정. 연어 친구들과는 반대의 방향이다. 연어는 강에서 태어나 바다로 갔다가 다시 강으로 돌아와 알을 낳고 죽지만 나는 민물에서 자라다가 마지막엔 다시 바다로 돌아가 알을 낳고 생을 마감한다. 삶의 방향은 정반대지만 어쩐지 그들과는 비슷한 숙명을 공유한 느낌이었다.

나 같은 회유성 어류의 생은 길지 않다. 철새처럼 여러 번 여행을 반복할 수 있는 존재도 있었지만 우리 장어나 연어는 단 한 번의 긴 여행으로 생을 끝낸다. 우리는 본능적으로 안다. 바다로 돌아가면 생이 끝난다는 것을. 그럼에도 우리는 그 길을 따라갈 수밖에 없다.

그러나 이상하게도 인간들은 우리의 번식을 제대로 본 적이 없다. 연어는 강에서 알을 낳기 때문에 번식 장면을 쉽게 관찰할 수 있지만 우리 장어는 깊고 어두운 바닷속에서 생을 마감하니 인간의 눈길이 닿지 않았다. 그것이 인간들에게는 커다란 미스터리가 되었다.

특히 아프리카에서 온 장어들의 경우는 더 그렇다. 그들이 어디서 알을 낳는지 인간들은 연구조차 제대로 하지 않았다. 반면 뉴질랜드에서 온 장어들은 동인도양이나 서태평양의 따뜻한 해역에서 알을 낳고, 미국과 유럽에서 온 친구들은 대서양의 사르가소해라는 신비로운 바다에서 생을 마친다고 했다. 그리고 나와 같은 동아시아의 장어들은 주로 마리아나 해구 근처에서 알을 낳는다는 의견이 많았다. 실제로 일본의 어부들이 그 근처에서 어린 장어들을 잡았다고 들었으니

남아프리카에 서식하는 회유성 장어로
바다 - 강 - 바다로 이어지는 기나긴 여정은 장어의 삶을 함축한다

아마도 그곳이 우리의 고향일 가능성이 컸다. 최근에는 그 깊은 해구뿐 아니라 조금 더 얕은 바다에서도 알을 낳을 수 있다는 주장도 있다.

우리 장어들이 알을 낳는 바다는 항상 일정한 특징이 있다. 깊고 안정적이며 해류가 원활하게 흐르고 포식자의 접근이 어려운 곳이다. 그런 장소에서 우리는 생을 마감하고 다음 세대의 생명을 이어갔다. 같은 곳에서 태어났지만 해류의 흐름에 따라 나는 한국으로, 다른 친구들은 중국이나 일본으로 흩어졌다. 결국 우리는 모두 고향이 같은 형제자매들이다.

종종 이런 질문을 받는다.

"태어난 곳을 어떻게 알고 먼 거리에서 다시 찾아가?"

이건 나도 궁금한 부분이기도 하다. 연어 친구들도 어떻게 자기가 태어난 강을 찾아오는지에 대해서 의문을 갖는 듯 보였다. 인간들도 이 문제를 풀지 못하고 추측만 했다. 인간들과 우리는 대화를 할 수 없으니 알려줄 방법도 없다.

인간들이 말하는 해류, 지구 자기장 그리고 페로몬이라는 화학적 신호, 이 세 가지가 우리 장어들을 다시 고향으로 이끈다고 했다. 실제로 나는 이 힘들을 직접 느끼고 있다. 해류가 내 몸을 부드럽게 이끌고 지구의 자기장은 보이지 않는 길을 안내한다. 그리고 마침내 고향 바다 근처에 다다르면 페로몬이라는 신비한 신호가 더 강하게 나를 끌

장어의 고향은 깊고 안정적인 바다로 해류가 원활하게 흐르고 포식자의 접근이 어려운 곳이다

어당긴다.

하지만 만약 어떤 거대한 재앙이 일어난다면 어떨까? 지구에 엄청난 수중 지진이 일어나 해류의 방향이 완전히 바뀌게 된다면 나는 혼란 속에 빠질 것이고, 원래의 고향이 아닌 엉뚱한 곳으로 흘러가 알을 낳을지도 모른다. 그 장소가 알을 낳기에 적합하지 않더라도 수명을 다했기에 선택의 여지도 없다. 그런 일은 우리 종 전체에 엄청난 위기를 초래할 것이다. 심지어는 동아시아 장어 전체가 멸종의 위기를 맞이할 수도 있다.

나는 깊은 어둠 속에서 몸을 한 번 더 뒤척였다. 인간들은 우리 삶을 연구하고 관찰하며 많은 것을 알아냈지만 여전히 우리의 삶은 그들에게 미스터리다. 그리고 나 자신에게도 이 긴 여정의 끝은 아직까지도 풀리지 않은 수수께끼다. 나는 이제 마지막 여정의 길을 천천히 따라가고 있다. 그것이 나의 운명이고 삶의 마지막 장을 완성하는 퍼즐이다.

변화무쌍한 장어의 생애

내 인생은 복잡한 변화를 거치는 과정이었다. 처음으로 기억하는 순간은 투명하고 얇은 몸으로 태어난 때였다. 인간들은 그 시절의 나를 '렙토세팔루스 유생'이라 불렀다. 얇고 투명한 모습이 버들잎 같아 '버들장어 유생'이라고도 했다. '렙토'는 얇다는 뜻이고 '세팔루스'는 머리라는 뜻이다. 마치 바람에 흔들리는 버들잎처럼, 나는 얇고 투명하게 해류에 몸을 맡겼다. 포식자들에게 들키지 않기 위해 몸을 감추며 부드럽고 젤라틴 같은 내 몸은 부서지지 않고 물결을 타며 먼 여행을 시작했다.

태어난 바다에서부터 나는 수천 킬로미터를 이동해 해안 가까이에 도달했다. 그곳에서 나는 '실뱀장어'로 변신했다. 여전히 투명하지만 몸이 더욱 길어지고 실처럼 가늘어졌다. 그 모습 그대로 강을 따라 긴 여정을 시작했다. 민물로 들어가면서 나는 서서히 노란빛을 띠기 시작했다. 사람들은 그런 내 모습을 보고 '노란장어'라 했다. 정확히 말하자면 노란색과 올리브색의 중간 정도 색깔이다. 강에서 긴 세월을 보내며 내 몸은 더욱 단단해지고 성장했다.

강 속에서 오랜 시간을 보내고 어느 순간 나는 몸의 변화가 다시 시작되는 것을 느꼈다. 내 몸은 은빛을 띠기 시작했고 이제 완전한 성체인 '은장어'가 되었다. 몸 안에 생식기관이 발달했고 내 안에서는 바다로 돌아가야 한다는 본능이 강하게 요동쳤다.

나는 강에서 모든 것을 내려놓고 바다로 돌아가기 위한 여정을 시작했다. 이 과정은 제법 힘들다.

"바다로 돌아가려면 뭐라도 먹어야 힘내서 돌아가지 않아?"

때문에 해류의 흐름에 몸을 맡기기 전 최대한 먹어두고 에너지를 보충해 둔다. 하루라도 빨리 바다로 돌아가 생식 활동을 하는 것이 내 목표였다. 그 목표가 너무나 분명했기에 포식 활동은 의미가 없었다. 이미 내 몸속에는 긴 여행을 위한 에너지가 축적되어 있었다. 지금까지 충분히 살을 찌워 놓은 이유는 바로 이 여행 때문이었다.

긴 여행 끝에 나는 바다 깊숙한 마리아나 해구 근처로 향했다. 점점 몸은 줄어들었고 에너지를 소비하며 몸을 희생했다. 바다로 향하는 길에서 몸은 다시 얇아지고 투명해졌다. 머리와 생식기관만 남은 듯한 기이한 모습으로 마지막 순간을 향해 나아갔다. 그것은 아름다우면서도 기형적이고 희한한 모습이었다. 내 몸이 이렇게 변한 것은 에너지를 모두 소진했기 때문이었다.

그 깊은 바다에서 나는 마지막으로 알을 낳고 생을 마감할 것이다. 그곳에서 새로운 생명, 즉 내가 처음 태어났던 모습인 렙토세팔루스 유생이 태어날 것이다. 이렇게 내 삶은 끝나지만 또 다른 삶이 다시 시작될 것이다.

인간들은 우리 장어들의 번식을 이해하지 못했다. 그들은 양식장에서 장어를 키우지만 우리를 직접 번식시키지는 못한다. 그들이 키우는 양식 장어들은 모두 바닷가에서 잡아 온 실뱀장어들이다. 인간들이 우리의 복잡한 변태 과정을 아직 밝혀내지 못한 탓이다.

인간들이 우리 장어들의 생식 과정을 밝혀낸다면 아마 큰 부자가 될지도 모른다. 하지만 바다의 깊고 비밀스러운 품 안에서만 벌어지는 우리의 번식은 여전히 미스터리로 남아 있다.

길쭉한 몸이 물속에서 오히려 유리한 이유

그런 동물들이 많다. 바다뱀은 지느러미가 전혀 없지만 내 몸에는 등지느러미, 꼬리지느러미, 뒷지느러미가 작지만 분명히 존재한다. 이 작은 지느러미들은 하나로 이어져 내 몸을 유연하게 움직이게 했다. 인간들은 이런 내 움직임을 '장어형 유영' 혹은 '앙귈리폼 Anguilliformes 운동 방식'이라 부른다.

온몸을 S자 형태로 부드럽게 움직이며 앞으로 나아가는 내 방식은 장거리 여행에 매우 유리하다. 에너지를 효율적으로 쓰면서 좁은 공간이나 강물을 거슬러 올라갈 때도 쉽게 이동할 수 있다. 물 밖의 땅 위에서 움직이는 것이 아니라 육지로 흐르는 물을 거슬러 올라가는

'장어형 유영' 일명 '앙귈리폼 운동 방식'은 S자 형태로 움직이며 에너지를 효율적으로 사용하는 방식이다

데도 내 방식은 완벽하다. 또한 내 몸은 끈적한 점액으로 덮여 있어 물속에서 은밀하게 움직일 수 있다. 포식자들에게 쉽게 들키지 않으며 부드럽고 조용히 이동하는 데 더없이 적합하다.

 나는 기억한다. 아주 오래전 수억 년 전 바다에서 처음으로 내 조상들이 나타났던 그 시절을. 그 당시의 장어들은 지금과 달리 보통의 어류였다. 그러나 시간이 흐르면서 몸은 점점 길어지고 미끈해졌다. 몸이 길어지면서 바다와 강을 넘나드는 회유성 생활을 하기 시작했고 그런 진화 과정 속에서 내 몸은 지금처럼 유연하고 길게 변화했다.

 약 5000만 년 전 우리 중 누군가는 처음으로 민물 환경을 탐험하기 시작했다. 강과 하천, 호수에는 천적이 적고 먹이가 풍부했기 때문이다.

'렙토세팔루스 유생'은 얇고 투명한 몸에 최대 5센티미터 정도되는 장어 최초의 단계다

"야, 여기 좀 와 봐!"

"대박. 여기에 먹이가 잔뜩 있잖아?"

"우리 이곳에 좀 있을까?"

"너무 좋지!"

그렇게 민물과 바다를 오가는 회유 생활이 자리 잡게 되었다. 이것이 바로 우리 장어들만의 독특한 생존 방식이었다. 물론 모든 장어가 민물로 향한 것은 아니었다. 붕장어 같은 친구들은 여전히 바다에서만 머물렀다.

우리의 진화에서 가장 중요한 순간 중 하나는 '렙토세팔루스 유생' 단계다. 나는 아주 오래전 바다의 깊은 어둠 속에서 얇고 투명한 유생으로 태어났다. 버들잎처럼 얇고 투명한 내 몸은 단 5밀리미터에서 최대 5센티미터 정도였다. 이 형태 덕분에 나는 긴 해류 여행에서도 포식자에게 들키지 않고 안전하게 이동할 수 있었다. 이 독특한 유생 단계는 우리가 먼 거리를 여행하며 바다와 민물 환경 모두에 적응할 수 있게 해준 결정적인 진화적 성공이었다.

> "만약 이 렙토세팔루스 유생 단계가 없었다면
> 우리는 어땠을까?"

이런 생각을 종종 하는데 아마 여전히 바다에서만 살고 있었을지도 모른다. 그러나 이 과정을 통해 우리는 민물 환경에도 적응하고 더 복잡하고 흥미로운 회유성 생활 주기를 갖게 되었다. 내 몸속에 흐르는 이 오랜 기억은 우리가 지금의 모습으로 세계 곳곳에 번성할 수 있었던 이유였다.

뱀장어 VS 붕장어 VS 꼼장어

긴 몸과 미끄러운 피부를 가진 나는 인간들이 흔히 뱀장어라 부르는 존재다. 뱀장어목 뱀장어과에 속한 내 종족은 역사가 길고 분류가 복잡하다.

우리 뱀장어목에는 크게 뱀장어과와 곰치과가 있었다. 곰치는 내 친척이라 할 수 있지만 나와는 완전히 다른 모습을 하고 있다. 곰치는 입이 크고 강력한 턱과 무시무시한 이빨을 가졌으며 독성 점액을 몸

밖으로 내뿜는다. 그 점액은 천적뿐 아니라 인간들에게도 위험한 무기다. 나는 그런 강력한 무기는 없지만 내 몸의 미끈한 점액 덕분에 포식자들에게 잘 잡히지 않고 조용히 움직일 수 있다.

인간들이 바닷장어라고 부르는 붕장어는 나와는 전혀 다른 종족이다. 붕장어는 붕장어목 붕장어과에 속하며 주로 바닷속 모랫바닥에서 생활한다. 바다의 먹이사슬에서 중요한 역할을 하지만 그들은 민물로 올라오지 않는다. 나는 민물과 바다를 오가는 회유성 어류였기에 붕장어와는 생활 방식과 모습이 확연히 다르다.

내 기억 속에서 인간들이 자주 먹던 꼼장어라는 존재도 있다. 꼼장어는 사실 우리와 완전히 다른 종류로 척추동물도 아니다. 그들은 원구류, 무악류로 분류되며 턱이 없는 이상한 입이 있다. 인간들은 꼼장어의 가죽을 이용해 가방과 신발을 만들었고 그렇게 꼼장어는 점점 더 보기 어려운 존재가 되었다. 그들은 내 종족이나 붕장어와도 완전히 다른 존재로 어류라고 부를 수도 없다.

이 세상에는 참 신기한 존재가 많다. 그중 하나는 리본장어다. 리본장어는 뱀장어목 곰치과에 속한 특이한 친척이다. 리본장어는 모두 수컷으로 태어났다가 성장하면서 암컷으로 변하는 독특한 성질을 가지고 있다. 몸은 길고 색상이 화려하며 인도양과 태평양의 바닷속 틈새나 암초 사이에서 숨어 지낸다. 유연한 몸으로 좁은 공간에 숨어 있다가 지나가는 먹이를 빠르게 낚아챈다. 그리고 성 전환 과정에서 색깔도 변한다. 처음엔 푸른색 몸에 노란색 지느러미를 가진 수컷이었

리본장어. 소형 곰치의 일종으로, 리본처럼 화려한 모습과 함께 성장하면서 성별이 수컷에서 암컷으로 변하는 특징이 있다

다가 완전히 성장하면 온몸이 까만 암컷으로 바뀐다.

이러한 성 전환 능력은 자연계에서는 사실 그렇게 드문 일은 아니다. '니모를 찾아서'라는 이야기에 등장한 흰동가리 역시 마찬가지다. 흰동가리 무리에서는 가장 큰 개체가 암컷이 되고 두 번째 큰 개체가 수컷 나머지는 새끼들로 남는다. 만약 암컷이 죽으면 수컷이 암컷으로 성을 바꾸고 새끼 중 가장 큰 개체가 다시 수컷이 되는 방식이다. 자연계에서는 성이란 고정된 것이 아니라, 환경과 상황에 따라 얼마든지 변할 수 있는 것이다.

하지만 인간들은 리본장어의 성 전환을 신기하게 바라본다. 우리 장어류 중에서는 성 전환이 흔치 않았기에 특별해 보였을 뿐, 사실 이 능력은 다양한 생명체들에서 흔히 볼 수 있는 진화적 특성 중 하나다. 그것이 바로 생명의 놀라운 적응력과 유연성을 나타내는 증거다.

나는 이제 다시 깊은 바다로 향하는 여정을 시작할 준비를 하고 있다. 은장어가 된 나는 생식 활동을 위해 오랜 여행을 떠날 준비를 한다. 긴 여정 끝에 다시 한 번 투명한 모습으로 돌아가 생을 마감하고 내 다음 세대가 될 렙토세팔루스 유생이 태어나는 순간을 맞이할 것이다.

내 몸이 기억하는 이 길은 오랜 진화와 복잡한 변화 그리고 무수한 비밀이 담긴 긴 여행이다.

05.

가장 거대한 지배자는 가장 작은 모습으로 살아남았다:
새

    가벼운 날갯짓으로 바람을 타고 하늘 높이 솟아올랐다. 인간들은 나를 새라 부르며 아름답다고 말하지만 나는 내 몸 깊숙이 숨겨진 비밀을 알고 있다. 내 몸속 깊이 흐르는 피는 아주 먼 옛날 이 땅을 뒤덮었던 공룡들의 피였다.

    지금의 나는 그들의 꿈이자 미래였다. 공룡에서 시작해 작은 몸으로 진화했고, 마침내 하늘을 정복한 존재. 내 작은 심장은 여전히 공룡의 웅장한 심장을 기억하고 있었다. 나는 하늘 위에서 다시 한 번 자유롭게 날갯짓을 하며 과거의 거대한 그림자를 기억했다. 나는 날아오른 공룡, 살아 숨 쉬는 진화의 증거다.

날개는
어떻게 생겼을까?

나를 새라고 부르지만 나는 단순한 새가 아니다. 나는 진화의 긴 여정을 지나 하늘에 오른 생명, 무수한 조상의 우연과 생존의 흔적 위에 선 존재다.

하늘을 가장 먼저 날았던 것은 나도, 내 조상 공룡도 아니었다. 우리가 날기 훨씬 전에 작고 날렵한 곤충들이 먼저 하늘을 가르며 날아올랐다. 그들은 바다를 떠나 땅 위를 기어다니다 어느 날 우연히 몸의 옆구리에서 튀어나온 외피가 얇은 투명한 막이 되었고 그 막은 마침내 날개가 되었다. 그건 계획된 일이 아니었다. 그 누구도 '날아야지' 생각하며 날개를 만든 게 아니었다. 단지 돌연변이였고 우연이었으며 생존에 이익이 되었을 뿐이다.

그 우연이 한 생명에게는 재앙이었지만 다른 생명에게는 기회였다. 누군가는 날개가 있어 포식자에게 잘 보였고 누군가는 그 날개 덕분에 더 멀리 도망칠 수 있었다. 그렇게 곤충의 날개는 생존의 유산이 되었다. 날개의 형태는 외골격의 일부에서 기원했고 막처럼 얇아 신경과 근육이 깃든, 작지만 정교한 구조가 되었다.

나는 그들의 후손은 아니지만 그 정신은 이해할 수 있었다. 날아오른다는 것, 땅을 벗어난다는 것, 그것은 단지 이동의 수단이 아니라 생존을 위한 발버둥이고 진화의 응답이었다. 내 몸을 이루는 깃털 하나하나는 그 수많은 우연과 필연의 결정체였다.

거대한 익룡 '케찰코아틀루스' 복원도. 곤충 다음으로 하늘을 정복한 자가 있었으니, 그것은 익룡이었다.

    곤충 다음 하늘을 난 파충류가 있었다. 익룡. 그들은 네 번째 손가락이 길어져 그 사이에 막이 형성되었고 거대한 하늘의 제왕이 되었다. 그러나 그들은 곧 사라졌다. 짧은 시간 동안 하늘의 주인이었지만 그들 역시 하늘을 향한 생명의 실험이었다.

    그리고 내 조상이 등장했다. 수각류 공룡. 땅 위를 두 다리로 걷던 그들은 팔 대신 깃털이 달린 날개를 얻었다. 처음엔 아마 뛰어오르기 위한 도약이었을 것이다. 포식자에게서 도망치거나 나무 사이를 이동하기 위한 작은 시도였겠지. 그러나 그 작은 날갯짓이 점점 커졌고 마침내 하늘을 가르는 진짜 비행이 되었다.

    나는 새다. 그러나 공룡이기도 하다. 내 뼈의 구조, 내 깃털의 배열, 내 몸을 덮은 근육과 가벼운 골격은 모두 그 유산이다. 나는 그 모든 생명의 실험 위에 존재하는 결과다. 날개는 내게 단지 비행의 도구가 아니다. 내 몸 전체가 하늘을 향해 진화해온 이야기다.

포유류 중에도 하늘을 난 이들이 있다. 박쥐. 그들은 손가락 사이에 얇은 막을 펼쳐 어둠 속을 날았다. 내 날개와는 다르지만 목적은 같았다. 하늘을 날아야 했던 것이다. 서로 다른 종, 서로 다른 몸, 서로 다른 방식. 하지만 모두 하늘을 향한 몸짓이었다. 이것이 바로 수렴 진화다. 다른 계통에서 시작했지만 비슷한 환경과 필요가 유사한 결과를 만들어냈다. 각자의 사연과 구조로 날개를 얻었지만 결국 하늘을 나는 데 필요한 날개라는 해답에 도달한 것이다.

나는 지금도 의문을 품는다. 도대체 첫 날개는 왜 생겼을까? 언제, 어디서, 어떤 이유로? 아무도 정확히 알 수 없다. 날개의 화석이 완벽히 남아 있는 것도 아니고, 그날 그 순간 누군가가 처음으로 날았던 기록도 없다. 우리는 단지 상상할 뿐이다. 그 작은 곤충이 처음 날갯짓을 한 순간을.

공룡의 최종
진화 형태는 새다?

왠지 이 말이 낯설게 들릴 수도 있다는 걸 안다. 인간들은 '공룡은 멸종했다'고 단정 짓는다. 티라노사우루스, 트리케라톱스, 브라키오사우루스의 이미지가 떠오를 것이다. 그러나 나는 안다. 멸종하지 않은 공룡들이 있다는 것을. 지금 이 하늘을 나는 수많은 새들은 사실 공룡 시대에도 존재했다.

단지 이름이 달라졌을 뿐이다.

　수천만 년 전 그 거대한 사건이 일어났을 때 하늘은 어둡고 대지는 불에 탔다. 그날 수많은 공룡들이 사라졌다. 땅을 울리던 발걸음들은 멎었고 익룡의 날갯짓도 멈췄다. 하지만 우리는 살아남았다.
　왜 우리가 살아남았는가? 익룡은 왜 사라졌는가? 이유는 분명하다. 우리는 작고 유연했고 무엇이든 먹을 수 있었다. 우리는 환경의 변화에 적응할 준비가 되어 있었다. 익룡은 다르다. 그들은 물고기나 고기 또는 곤충과 동물의 사체만 먹었고 주로 물가에서만 살았다. 큰 알을 낳았으며, 크고 둔한 몸을 지녔다. 거대한 익룡 '케찰코아틀루스'는 몸무게가 80킬로그램에 달했고, 날개 폭은 12미터였다. 어쩌면 그 무게는 자신의 하늘조차 짓눌렀을 것이다.

　나는 지금 알바트로스를 생각한다. 현존하는 가장 큰 새. 날개 폭이 3미터가 넘지만 몸무게는 고작 10킬로그램 남짓이다. 그보다 크면, 하늘을 날 수 없다. 근육이 아무리 강해도 무거우면 비행의 적이 된다. 그래서 우리는 작아야 한다. 작지만 하늘에서 오래 살아남기 위해 진화한 형태다.

　공룡이 멸종할 때 우리가 남았다. 지금 인간들은 나를 '새'라고 부른다. 하지만 나는 그들과 같이 살았던 공룡이었다. 나는 티라노사우루스와 같은 시대의 공기를 마셨고 트로돈의 눈빛을 마주쳤다.

　　"지금 살고 있는 1만 400종의 새들이 그때 존재했어?"

현존하는 가장 큰 새인 알바트로스로 사진속 '샤이 알바트로스'는 호주에서 "멸종위기종"으로 지정됐다

아니, 그건 아니다. 우리는 후손이다. 그때 살아남은 새들이 환경에 적응하며 점점 형태를 바꾸었고 지금의 우리가 된 것이다. 호모 사피엔스가 오스트랄로피테쿠스와는 다른 존재지만 인류로 이어지는 계통인 것처럼.

은행나무가 '살아있는 화석'이라 불리지만 지금의 은행나무가 과거와 같지 않듯이 우리도 과거의 새와는 다르다. 그러나 우리는 이어져 있다. 그것이 중요한 것이다.

인간들은 가끔 이런 상상을 한다.

인간이 익룡을 길들여 하늘을 날았다면?

"익룡이 아직 살아 있다면
사람이 길들여서 타고 다녔을까?"

나는 그 질문에 깃털을 털고 웃고 싶다. 나는 그 무게를 안다. 나는 내 몸에 깃든 구조를 안다. 하늘을 나는 생명체는 뼈가 비어 있다. 가볍기 위해 비어 있는 것이다. 어떻게 그런 몸이 사람을 태울 수 있겠는가?

지금도 인간들이 타조를 타는 대회를 연다지만 그것은 위험하고 동물에게도 사람에게도 무리다. 하늘을 나는 생명체에게 사람의 몸무게는 감당할 수 없는 짐이다. 익룡 역시 마찬가지였을 것이다. 만약 누군가를 태울 수 있었다면 그는 익룡이 아니라 공룡이었을 것이다. 그리고 하늘은 그를 허락하지 않았을 것이다.

나는 지금 하늘을 난다. 나는 수많은 다른 새들과 함께 바람을 타고 흐른다. 내 뼈는 가볍고 내 깃털은 바람을 가르며 내 눈은 세상을 꿰뚫는다. 나는 지금 여기에 살아있다. 공룡이, 중생대의 생명이, 지금도 여전히 살아 숨 쉬고 있다는 것. 그것을 인간들이 알아주었으면 한다.

우리는 멸종하지 않았다. 우리는 바뀌었고 적응했고 살아남았다. 그게 진화의 힘이다. 거대한 것은 사라지지만 작고 유연한 생명은 살아남는다. 우리는 그 증거다.

나는 하늘을 돈다. 내 아래로 인간의 도시가 보인다. 자동차, 고층 빌딩, 바쁜 사람들. 그들의 시선은 땅에 닿아 있지만 나는 하늘에서 그들을 내려다본다. 그리고 살며시 웃는다. 내 조상은 공룡이었다. 그리고 지금, 나는 그 시대를 기억하는 마지막 목격자다.

날개가 있어도 못 나는 새에게
왜 날개가 있을까?

세상에는 나처럼 날개가 있지만 하늘을 포기한 친구들도 많다. 그들은 걷는다. 아니, 당당하게 땅 위를 누빈다. 하늘을 포기한 대가로 굳건한 다리를 얻고, 굳센 생존력을 가진 채 땅에서 살아간다.

나는 오늘도 나뭇가지에 앉아 먼 곳을 바라본다. 바람 한 점 없는 날엔 문득 이런 생각이 든다.

"우리는 왜 날게 되었을까?
날지 않는 친구들은 왜 날개를 접었을까?"

멀리 대륙 너머에 사는 '에뮤'를 나는 안다. 나보다 훨씬 크고 단단한 몸을 가졌지만, 하늘을 날 수는 없다. 날개는 짧고 다리는 길다. 그는 땅 위를 달린다. 빠르게, 맹렬하게. 마치 포식자로부터 도망칠 필요가 없는 자신감처럼 보인다. 그에게 하늘은 불필요한 영역이다.

타조도 그렇다. 사막과 초원을 누비며 땅을 달리는 거대한 새. 그는 달리기 위해 진화했고 그 속도만으로도 생존할 수 있었다. 나는 그의 날개를 보며 생각한다. 그 작고 퇴화된 날개는 한때 하늘을 향해 펴

마다가스카르에 살았던
가장 크고 무거운 새인 코끼리새의 복원도

'날지 못하는 새'인 '키위'는 뉴질랜드를 대표하는 토종새로
'코끼리새'와 가장 가까운 친적으로 알려져있다

덕였을까?

    몇 세대 전 나는 인간들이 기록한 오래된 책을 통해 '코끼리새'의 이야기를 들었다. 마다가스카르의 전설 같은 새. 몸무게는 수백 킬로그램, 알 하나가 인간의 머리보다도 컸다고 한다. 그 역시 날 수 없었다. 아니, 날지 않았다. 육상에서 안전했고 그만큼 몸집을 키워도 살아갈 수 있었기 때문이다.

    나는 한참을 날다가 나뭇가지에 내려앉는다. 내 뇌리에 떠오른 또 하나의 친구, '키위'. 작고 수줍은 그 친구는 뉴질랜드의 숲속에서 조용히 살아간다. 부리를 바닥에 박아 벌레를 찾고, 어둠 속에서 걸어다닌다. 그의 날개는 작디작고 깃털은 부드럽다. 그는 날 수 없다. 그러나 그에게 하늘을 날아야 할 이유가 있을까?

나는 알고 있다. 하늘을 난다는 것은 큰 대가를 요구한다. 날개를 퍼덕이려면 에너지가 필요하다. 근육도, 혈관도, 뼈도 하늘을 위한 구조로 진화되어야 한다. 나는 가볍다. 뼈 속이 비어 있다. 그래서 날 수 있다. 하지만 그만큼 약하다. 포식자에게 잡히면 쉽게 부러지고, 부상을 입으면 생존이 위태롭다.

키위는 그런 약함을 감수하지 않았다. 그의 환경은 따뜻했고 포식자는 없었다. 숲은 먹을 것을 가득 안겨주었고 그에게는 날지 않아도 살아갈 이유가 충분했다.

도도새 역시 마찬가지였다. 외딴 섬, 인간의 손길이 닿지 않던 그곳에서 평화롭게 살았다. 하늘을 날지 않았고 날 필요도 없었다. 식물과 벌레, 알맞은 기후. 도도새에게 하늘은 선택지에서 제외된 세계였다. 결국 인간이 그 섬에 도착했을 때 도도새는 도망칠 수 없었다. 하늘을 나는 법을 잊었기 때문에.

나는 안다. 날 수 있다는 사실이 내 생존을 늘 보장해주는 것은 아니라는 걸. 그러나 하늘을 난다는 건 언제나 도망칠 수 있는 마지막 선택지를 내 등에 달고 사는 일이다. 익룡도 그랬을 것이다. 중생대, 그들은 네 번째 손가락에 막을 펼치고 하늘을 날았다. 하지만 그들은 크고, 육식을 했고 주로 해안가에 머물렀다. 다양한 먹이를 먹고 새로운 환경에 적응할 수 있었던 새인 공룡들만이 멸종을 피했다.

하늘을 날아야 할 이유가 있었기에 우리는 날았다. 그 시절 우리

도도새 모형(영국 자연사 박물관), 17세기에 멸종한 날지 못하는 새

는 포식자에게서 도망쳤고 새로운 서식지를 찾아 하늘을 건넜고 넓은 세상에서 먹이를 찾기 위해 날아다녔다. 우리는 날기를 포기하지 않았다. 그것이 우리가 살아남은 이유였다. 나는 문득 상상해 본다.

> "만약 이곳에도 포식자가 없고 먹을 것이 널렸고
> 하늘을 날지 않아도 안전하게 살아갈 수 있다면….
> 나도 언젠가 날개를 접게 될까?"

자연은 냉정하고 진화는 목적 없이 작동한다. 나는 알고 있다. 우리가 하늘을 나는 것도 그저 누군가 우연히 날 수 있었기 때문이라는 것을. 그 우연이 생존에 유리했기 때문에 그 형질이 계속 이어져 온 것이다. 만약 우연히 날개를 가진 조상이 날지 못했다면 나는 지금 이렇게 하늘을 누비지 못했을 것이다.

    나는 하늘을 잊지 않기로 했다. 포식자가 없는 땅에서도, 바람 부는 섬에서도, 먹을 것이 넘치는 숲에서도. 하늘은 내 마지막 도피처이자 가장 오래된 본능이다.

06

나는 법을 잊었을 때, 비로소 바다를 날 수 있었다:
펭귄

　눈보라와 얼음, 고요한 바다 속에서 바람이 언제 불어올지, 빙하가 언제 갈라질지 알고있는 나는 이 끝없는 흰 대륙의 주민인 펭귄이다. 인간들은 나를 보며 귀엽다고 말하지만 그건 나를 멀리서 보기 때문이다. 가까이에서 나를 보았다면 내 눈동자에 깃든 냉정한 생존의 흔적을 보았을 것이다. 나는 매일을 버티고 매 순간을 살아내며 오랜 시간 진화를 거쳐 여기까지 왔다.

　하늘을 나는 대신 우리는 물속을 날았다. 우리 몸은 유선형으로 바뀌고 뼈는 무겁고 단단해져 부력을 억제했다. 공중이 아니라 깊은 바다 속이 우리의 사냥터다. 물속에서 우리는 누구보다 빠르다. 그리고 민첩하고 정밀하다. 사냥감인 물고기를 쫓는 데 있어 어느 누구도 우리를 이길 수 없다.

하늘의 제왕과
친척이었던 펭귄?

매서운 칼날 같은 바람이 날아드는 남극의 얼음 벌판 위를 나는 매일같이 걷고 또 걷는다. 많은 이들이 내 걸음을 두고 뒤뚱거린다며 웃지만 그 누구도 내가 어떻게 여기까지 왔는지는 묻지 않는다. 내 조상은 하늘을 날았다. 하늘 위를 누비며 바다를 내려다보았다. 지금처럼 뭉툭한 몸에 짧은 날개를 달고 눈 미끄럼을 타지 않았다. 그러나 나는 지금 이 모습으로 살아남았다. 나는 얼음 위의 생존자다.

우리가 처음부터 이 얼음 위에 있었던 것은 아니다. 내 조상이 처음 바다를 내려다보았던 그 시절 남극은 지금처럼 얼어붙은 땅이 아니었다. 온화했고 나무가 자라고 생명이 숨 쉬었다. 그러다 거대한 변화가 찾아왔다. 약 6천 6백만 년 전 하늘을 가르던 공룡들이 멸종하던 그 시기. 세상은 조용히 무너졌고 그 잿더미 위에 우리는 남았다. 아주 작고 가벼운 새들 일부가 살아남았고 나는 그 피를 물려받았다.

그때부터였다. 펭귄의 조상은 하늘을 포기했다. 먹이는 하늘이 아니라 차가운 바다에 있었다. 경쟁자도 없었고 포식자도 드물었다. 공중에서 바라보던 바다는 우리에게 속삭였다.

"이리로 오라, 여기가 너희의 세계다."

우리는 날개를 접고 물속으로 들어갔다. 처음엔 조심스러웠지만 이내 자유로워졌다. 물속은 하늘만큼이나 넓었고 내 몸은 점차 그에

펭귄은 현존하는 생물 중 인간, 유인원과 더불어 직립보행을 하는 동물로,
바닷속 생활에 최적화된 지느러미와 같은 날개, 무겁고 단단해진 뼈가 특징이다

맞춰 바뀌었다. 지느러미처럼 변한 날개, 단단해진 뼈. 다른 새들은 뼈가 텅 비어 있지만 우리는 무거워졌다. 가라앉기 위해서였다. 우리는 수면 위를 떠도는 것이 아니라, 물속을 헤엄쳐야 했다. 바닷속에서는 자동차와 다를바 없었다. 누구도 따라잡지 못했으며 우리는 바다를 나는 새가 되었다.

그 시절 우리는 크기도 컸다. 내 조상 중 어떤 이는 2미터에 가까운 키와 100킬로그램이 넘는 몸무게를 자랑했다. 와이마누, 팔라이에우딥테스, 안트로포르니스…. 이름도 긴 그들은 바다의 왕이었다. 고래가 등장하기 전 바다의 포식자는 펭귄이었다. 두꺼운 지방층과 방수 깃털, 검은 등과 흰 배는 우리를 보호했고 숨겨주었다.

그러나 세상은 또다시 변했다. 바다는 더 차가워졌고 먹잇감은 줄어들었다. 덩치 큰 조상들은 무겁고 느렸다. 경쟁자가 많아졌고 빠른 적들이 등장했다. 고래, 상어, 바다표범과의 경쟁에서 살아남기 위해서는 우린 더 작아져야 했고 민첩해야 했으며 유연해야 했다. 그리고 지금의 내가 있다.

생각해 보니 하늘을 나는 사촌이 있다. 이름은 알바트로스. 그와 나는 닮은 구석이 없다. 그는 하늘을 떠돌고 나는 바다에 잠긴다. 그러나 DNA는 말한다. 우리는 6천만 년 전, 같은 어미로부터 갈라져 나왔다고. 그 시절 하늘과 바다 사이에서 우리는 선택을 해야 했다. 그는 바람을 택했고 나는 물살을 택했다. 그가 하늘을 도는 동안 나는 얼음을 딛고 걷는다. 그는 몇 년이고 땅에 닿지 않지만 나는 땅 위에 남아 알을 품는다. 우리는 다르지만 같은 뿌리에서 나왔다.

내 몸은 통통하고 다리는 짧다. 그러나 이 몸이 있어 나는 영하 수십 도의 바람을 견딘다. 체온은 깃털 사이의 공기층과 두꺼운 지방이 지킨다. 비바람 속에서 나는 무리를 이룬다. 수백, 수천의 동료들이 몸을 부대끼며 서로를 지킨다. 얼음 위의 형제들은 떠나지 않는다. 우리는 함께 버틴다.

나는 하늘을 포기했지만 하늘을 닮았다. 물속을 나는 내 모습은 그 누구보다 날렵하고 자유롭다. 그리고 나는 알고 있다. 진화는 포기가 아니라 선택이라는 것을. 내가 하늘을 버린 게 아니라 바다를 택한 것이라는 것을.

약 6,000만년 전 멸종된
가장 오래된 펭귄으로 와이마누는
마오리어로 물새를 뜻한다.

나는 펭귄이다. 얼음 위를 걷고 바다 속을 날며 수천만 년을 이어 온 생존의 증거다. 누군가는 나를 보고 웃겠지만 나는 이렇게 대답할 것이다.

"나는 바다를 나는 새다. 그리고 이 세계를 선택한 자다."

펭귄이 북극에서
자취를 감춘 이유

사실 우리는 북극에는 가지 않는다. 누구나 아는 사실이지만 이유를 아는 이는 드물다. 우리는 날지 못하기 때문이다. 만약 날 수 있었다면 북극에도 살았을 것이다. 하지만 우리는 바다 위를 날 수는 있어도 하늘을 날 수는 없다. 바다를 건너 북극으로 가려면 너무 더운 바다를 지나야 한다. 거기엔 먹을 것이 없다. 살아남을 수도 없다. 그래서 우리는 남극에 머물렀고 또 그 주변의 차가운 바다에 뿌리를 내렸다.

그렇다고 우리가 남극에만 사는 건 아니다. 황제펭귄, 아델리펭귄은 남극의 대표이지만 우리는 더 멀리 퍼져 있다. 칠레와 아르헨티나에는 마젤란펭귄과 훔볼트펭귄, 아프리카에는 아프리카펭귄 뉴질랜드에는 노란눈펭귄과 쇠푸른펭귄 그리고 적도 부근 갈라파고스 섬에는 갈라파고스펭귄이 있다. 그 친구는 훔볼트 해류를 따라 올라가다가 길을 잃고 돌아갈 수 없게 되어 그곳에 남은 것이다. 육지는 가까웠고 바다도 차가웠다. 그래서 머물게 된 것이다.

갈라파고스에서 북극까지 가는 일은 불가능에 가깝다. 돌아가는 해류는 강하고 먹을 것도 없다. 북미 대륙을 따라 올라가는 여정에는 포식자와 굶주림뿐이다. 설령 북극에 도달하더라도 그곳은 더 험하다. 육지에는 북극곰, 늑대, 여우가 있다. 물속에는 물범과 범고래가 있다. 우리가 올라설 만한 빙붕도 점점 줄어든다. 거기엔 이미 자리를 잡은 새들이 많다. 우리는 그곳에서 살아남을 수 없을 것이다. 그래서 가지 않은 것이다. 가기를 원하지도 않았다.

하지만 이상하게도 북극에는 우리와 닮은 이가 있었다. 큰바다쇠오리. 등은 검고 배는 희며 바다를 나는 듯한 걸음으로 물 위를 떠다녔다. 사람들은 그들을 펭귄이라 불렀다. 아직 남극의 펭귄을 알기 전이었다. 1844년 인간의 손에 의해 그들은 멸종했다. 도망도 잘 못 가고 포획하기 쉬웠다. 그렇게 북극의 펭귄은 사라졌다.

그리고 어느 날 인간들이 남극에 와서 나를 보았다. 등은 검고 배가 흰 새.

"어? 펭귄이네!"

그때부터 나를 펭귄이라 불렀다. 나는 펭귄이 되었지만 그 이름은 북극의 영혼에서 왔다. 우리는 그들과 아무런 관계가 없다. 하지만 비슷하게 생겼다. 그 이유는 수렴 진화 때문이다. 서로 다른 조상이지

펭귄이란 명칭의 원조라 알려진 '큰바다쇠오리'는 사실 수렴진화로 인해 생김새만 비슷할뿐 실제 펭귄과는 서로 다른 조상으로 아무런 관계가 없다.

만 비슷한 환경에 적응하면서 겉모습이 비슷해진 것이다. 나는 수영을 위해 검은 등과 흰 배를 갖게 되었고 큰바다쇠오리도 그랬다. 상어, 돌고래, 범고래도 마찬가지다. 바닷속에서 위장하기 위해 그렇게 생긴 것이다. 진화는 효율적이다. 같은 문제에는 해결책이 같다.

우리는 수많은 위협 속에서 살아남았다. 하늘을 버리고 바다로 뛰어들었으며, 얼음 위에서 생존을 택했다. 비행 능력을 포기했지만 그 대신에 수영 능력을 얻었다. 나는 물속에서 시속 35킬로미터로 이동한다. 우리는 작아졌지만 더 민첩해진 몸으로 바닷속을 미끄러지듯 지나가며 먹이를 찾는다. 깃털은 방수 기능이 있고 피부는 두꺼운 지방층으로 덮여 있다. 체온은 유지되고 바다에서 오래 버틸 수 있다. 우리에게 바다는 극복의 대상이 아닌 적응의 무대가 됐다.

수중에서 진화한
펭귄의 놀라운 능력

우리의 삶은 바다에서 시작된다. 물속은 쉽지 않다. 저항이 크고 산소는 없다. 하지만 나는 수십만 년 동안 그 속을 집처럼 익혀 왔다. 가장 깊이 잠수한 기록은 500미터, 시간은 20분. 그건 단순히 빨리 헤엄친다고 되는 게 아니다. 진짜 비밀은 호흡법에 있다.

땅 위에선 내 심장은 분당 100번도 더 뛴다. 숨을 헐떡이며 걷는다. 하지만 바다에 들어서는 순간 내 심장은 고요해진다. 분당 15회. 마치 깊은 명상에 빠진 수도승처럼 느리게 뛴다. 이는 산소 소모를 줄이기 위해서다. 이때 내 몸은 뇌와 심장에만 산소를 허용한다. 나머지 기

토보깅은 펭귄 이동을 대표하는 장면으로 배를 깔고 지느러미와 다리로 밀어내며 눈 위를 활주한다

관들, 소화기나 근육은 무산소 상태로 버틴다. 인간이 무산소 운동을 하면 젖산이 쌓이고 통증이 생기지만 나는 그렇지 않다. 내 근육은 이미 그 방식에 적응해 있다. 그래서 나는 오래, 깊이, 조용히 물속을 날 수 있다.

물속을 날아야 하기에 우리는 뼈도 무겁다. 텅 빈 새의 뼈와는 다르다. 단단하고 빽빽한 뼈는 나를 가라앉게 하고 가라앉은 나는 조용히 먹이를 쫓는다. 때로는 정어리 무리를, 때로는 오징어를. 해류를 타고 사라지는 작은 생명을 향해 나는 잠수하고 미끄러지듯 유영한다.

또 하나의 비밀은 염류선이다. 바닷속에서 살아가기 위해 우리는 소금물에 적응해야 했다. 눈물샘 근처에 있는 염류선은 내가 들이마신 소금기를 빼내 눈물처럼 흘려보낸다. 그래서 바닷물을 마셔도 탈이 없다. 바다는 나에게 생명이지만 동시에 위험이다. 그 안에는 물범이 있고 범고래가 있고 이따금씩 인간의 그림자도 드리운다. 하지만 나는 내 방식대로 천천히 깊이 살아간다.

땅 위에 오르면 또 다른 방식으로 움직인다. 우리는 걸을 수도 있지만 눈 위를 더 잘 미끄러진다. 토보깅이라 불리는 이 행동은 배를 깔고 지느러미와 다리로 밀어내며 눈 위를 활주하는 것이다. 빠르고 에너지도 적게 들고 무엇보다 즐겁다. 체온 유지에도 좋다. 바람을 덜 맞으니까. 우리는 그걸 안다. 그래서 미끄러진다. 놀이 같지만 생존을 위한 지혜다.

하지만 꼭 생존만을 위한 것도 아니다. 나는 어릴 때 그랬다. 아무 이유 없이 언덕을 올라가고 또 내려오고 미끄러졌다. 또다시 올라가서 미끄러졌다. 친구들과 낄낄대며 부딪히고 돌고래처럼 구르며 즐거워했다. 어른들이 보면 비효율적이라 하겠지만 그 시간은 나에게 바람을 익히고 눈의 질감을 배우고 세상의 온도를 알아가는 시간이기도 했다. 나는 그렇게 자랐다.

때로는 그런 놀이가 진짜 살아 있는 느낌을 주기도 한다. 고요한 남극의 평야 바람이 세차게 부는 날에도 나는 엎드려서 눈 위를 활주한다. 내 몸이 얼음 위를 스치며 하늘을 나는 듯이 움직일 때 비록 하늘을 포기했지만 다른 방식으로 나는 법을 알게 되었다는 걸 느낀다.

나는 날지 못하지만 얼음 위를 날고 바닷속을 날고 그리고 세월을 날아왔다. 수천만 년을 버티며 나는 살아남았다. 거기엔 이유가 있다. 우리는 빠르게 조용히 효율적으로 살아가기 위해 스스로를 바꿔왔다. 진화는 위대한 선택이다. 나는 그 선택의 끝에 있는 존재다.

펭귄은 왜
뒤뚱거리면서 걸을까?

얼음 위를 걸을 때 많은 이들이 내 걸음을 보며 웃는다. 뒤뚱뒤뚱 이리저리 몸을 흔들며 걷는 나를 귀여워 한다. 하지만 나는 귀여우려고 걷는 것이 아니다. 그건 내 생존 방식이고 내 해답이다.

나는 발가락으로 걷는다. 내 발목은 몸 안에 있다. 사람들은 종아리와 발목을 접으면서 걷지만 나에게 그런 건 없다. 내 몸 바깥으로 나와 있는 건 발가락뿐이다. 그래서 내 걸음은 뒤뚱거릴 수밖에 없다. 몸의 중심을 이리저리 옮기며 나는 천천히 그러나 단단히 얼음을 딛는다.

옆에서 보면 내 발은 마치 배에 바짝 붙어 있는 듯 보인다. 그래서 누군가는 나를 동그란 공 같다고 말한다. 나도 안다. 내 몸은 유선형이고 앞이 볼록하다. 하지만 그것은 바다에서 효율적으로 움직이기 위해 그리고 얼음 위에서 안정적으로 걷기 위해 진화한 결과다.

이 뒤뚱거리는 걸음에는 비밀이 있다. 에너지를 아끼는 방법이다. 곧게 서서 걷는 것보다 몸을 좌우로 흔들며 걷는 것이 에너지 소비를 80퍼센트나 줄여준다. 남극에서는 에너지가 생명이다. 나는 하루

펭귄은 무리를 지어 이동하는데 일렬로 행진을 하며 협력을 통해 상황을 극복한다

에 수십 킬로미터를 걸어야 한다. 천천히라도 멀리 가는 것이 중요하다. 그래서 나는 뒤뚱뒤뚱 걷는다. 오직 생존하기 위해서다.

우리는 일렬로 걷는다. 바람 때문이다. 남극의 바람은 시속 30킬로미터 때론 40킬로미터를 넘는다. 앞에서 걷는 이가 바람을 맞으면 뒤에서는 그 덕에 조금이나마 쉽게 걸을 수 있다. 그리고 앞서 간 이의 발자국은 눈을 눌러 단단하게 만든다. 나는 그 자리를 따라가면 푹 꺼지지 않고 미끄러지지 않으면서 걸을 수 있다. 일렬 행진은 우리가 터득한 지혜다.

나는 무리를 떠나지 않는다. 언제나 함께 움직인다. 이유는 간단하다. 안전 때문이다. 혼자 있는 펭귄은 물범의 쉬운 먹잇감이 된다. 포식자에게 우린 무리가 되어야만 한다. 많은 수가 모이면 누군가 하나는 살아남는다. 누군가 새끼를 품을 수 있다. 무리는 단순히 숫자가 아

아델리펭귄 무리가 남극 바다로 뛰어드는 모습

니다. 그것은 경로다. 우리는 언제나 같은 길을 간다. 바다로 향하는 길, 번식지로 가는 길. 그 길에는 언제나 앞장서는 이가 있다. 경험이 많은 펭귄이다. 그를 따라 우리는 걷는다. 길을 잃지 않기 위해 서로를 놓치지 않기 위해 우리는 몰려다닌다.

번식기의 무리는 더 강하다. 모두가 잊고있는 사실이지만, 우리도 엄연히 새다. 새는 사회성이 강하다. 혼자서는 알을 품을 수 없다. 차가운 남극 바람 속에서 우리는 서로에게 등을 기댄다. 밀집하고 웅크리고 함께 품는다. 그 속에서 생명이 자란다. 내가 어린 시절 아버지의 발 위에서 따뜻한 깃털 아래 몸을 숨겼던 기억이 있다. 수백 마리의 아버지들이 동그랗게 모여 얼음을 녹이고 바람을 막아주었다. 바다로 가는 길에서도 우리는 함께다. 하지만 문제는 늘 같다. 누가 먼저 바다로 들어갈 것인가.

하루하루는 치열한 생존의 연속이다. 그 중에서도 가장 치열한 순간은 사냥이다. 우리는 물속에서 사냥한다. 높은 얼음 절벽 가장자리에 서서 바다를 바라본다. 물속은 검고 깊다. 물속에는 포식자도 먹이도 있다. 범고래가 있을 수도 있고 물범이 기다릴 수도 있다. 아무도 먼저 들어가고 싶지 않다.

우리 사이엔 묵묵한 정적이 흐른다. 나를 노리는 포식자의 그림자일 수도 있고, 반짝이는 물고기 떼일 수도 있다. 우리는 항상 주위를 살핀다. 안전 여부를 확인해야 한다. 하지만 확신은 언제나 부족하다. 결국 누군가는 먼저 뛰어들어야 한다. 누구도 원하지 않지만 누군가는 퍼스트 펭귄이 되어야 한다.

"……."

"아오, 답답해. 그냥 네가 내려가!"

"아니, 누가 날 밀어?!"

누군가 툭 하고 밀린다. 그 하나가 푸드득 얼음 위에서 떨어진다. 다들 그를 본다. 물속에서 무사히 올라오면 그제야 모두가 물속으로 뛰어든다. 그를 퍼스트 펭귄이라 부른다. 용기 있는 자라기 보다는 운이 없는 자다. 하지만 누군가는 먼저 가야 한다. 그것이 우리가 살아가는 방식이다.

괜찮다면 우리도 뒤따른다. 차가운 물이 몸을 감싸고 본능이 깨어난다.

나는 아델리펭귄이다. 내 사냥 깊이는 보통 50미터에서 100미터 사이. 길어야 5분 남짓 잠수한다. 그 짧은 시간 안에 크릴이나 작은 물고기를 잡아야 한다. 하지만 그들이 가만히 있는 것은 아니다. 물고기들은 지그재그로 빠르게 도망친다. 나도 그 움직임을 따라야 한다. 몸을 비틀고 방향을 틀고 수십 번이나 잠수와 부상을 반복한다.

**바쁘다 바빠.
펭귄 사회!**

우리의 부리는 단단하다. 이빨은 없지만 부리 안쪽에 거친 돌기들이 있어 미끄러운 물고기를 단단히 붙든다. 한번 잡으면 절대 놓치지 않는다. 한 번의 사냥으로 끝나지 않는다. 수십 번 잠수해야 한다. 그만큼 많은 에너지를 써야 하고 많은 위험을 감수해야 한다. 바닷속은 결코 우리에게 우호적인 곳이 아니다.

사냥을 끝낸 우리는 무거운 몸을 이끌고 육상으로 돌아온다. 그 속에는 아직 소화되지 않은 먹이들이 가득하다. 잠수 중에는 소화할 수 없다. 왜냐하면 소화기관에 산소를 써야 하기 때문이다. 그 산소는 뇌와 심장 같은 필수 기관에 우선적으로 공급된다. 그래서 우리는 모든 걸 먹은 그대로 뱃속에 담아둔다. 그리고 아이에게 돌아가기 위해 육지를 향해 오른다.

하지만 요즘 그 길이 길어졌다. 남극이 녹아버렸기 때문이다. 예전에는 토보깅으로 눈 위를 미끄러지듯 빠르게 이동하면서 빠르게 돌아갈 수 있었다. 이제는 걸어야 한다. 뒤뚱뒤뚱 더디게 바람을 맞으며 해빙이 사라진 길을 따라 걷는다. 그리고 그 긴 시간 동안 내 몸은 점차 따뜻해지고 소화가 시작된다.

내가 도착했을 때 내 뱃속의 먹이는 이미 사라졌다. 남은 건 허기와 피로 그리고 미안함뿐이다. 새끼는 내 발 아래에서 내게 기대어 부리를 벌리지만 안타깝게도 나는 줄 것이 없다.

'내가 이러려고 한 게 아닌데.'

내 마음속에서 울림처럼 퍼진다. 나는 분명 먹이를 물고 돌아왔다. 내 새끼를 살리기 위해 수십 번이나 바다로 뛰어들었고 얼음 위를 기어 돌아왔다. 그런데 줄 수가 없다. 내 몸이 먼저 먹어버렸다.

우리의 숫자는 줄어들고 있다. 새끼들이 자라지 못하고 부모가 굶어가며 걷는다. 퍼스트 펭귄은 더 많아졌지만 끝까지 살아 돌아오는 펭귄은 적어졌다. 나는 안다. 우리가 언제부터 이렇게 힘들어졌는지. 물속은 점점 따뜻해지고 먹이는 멀어졌다. 얼음은 녹아 사라졌고 우리가 쉬어가던 해빙은 이제 없다.

나는 펭귄이다. 살아남기 위해 바다를 날고 얼음을 걷는다. 나는 새끼를 위해 목숨을 건다. 바다의 어둠 속으로 뛰어들며 나는 오늘도 생각한다.

> '이번엔 꼭 무사히 돌아오기를.'

펭귄
정말 일부일처제일까?

누군가 말하길 펭귄은 일부일처제라고 한다. 평생 한 짝과 사랑을 나누고 같은 바위 위에서 서로의 등을 맞대고 눈보라 속을 견디는 존재라고. 그 말 절반은 맞고 절반은 틀리다. 사회성이 높고 무리를 이루며 살아가는 새들에겐 반드시 짝이 필요하다. 짝은 단순한 사랑의 대상이 아니다. 짝은 생존의 동료이자 생명의 보증이다. 번식기마다 우리는 서로를 찾아가고 부리를 맞대고 깃털을 다듬으며 다가간다. 낯익은 목소리와 익숙한 체온. 오랜 겨울이 지난 후에도 그 자리에 있는 짝이라면 우리는 다시 한 번 함께 알을 품는다.

그러나 늘 그런 것은 아니다. 번식은 우리의 사명이다. 생명을 이어가는 것 그것이 존재의 이유라면 우리는 그 목표에 충실하다. 내가 사랑했던 짝과 다시 만났을 때 그리고 우리가 건강하고 알을 잘 품을 수 있다면 그 관계는 계속된다. 그것은 안정이고 믿음이다. 그러나 한 해 번식에 실패했다면 나는 고민한다. 다시 도전할 것인가 새로운 짝을 찾을 것인가. 먹이를 제대로 가져오지 못했던가 알이 부화하지 않았던가. 원인은 다양하다. 하지만 결과는 하나다. 번식이 실패했다면 나는 다른 길을 찾아야 한다.

펭귄에게 일부일처제는 번식과 공존, 경쟁으로부터의
자유와 생존을 위한 선택이자 본능이다

그렇게 우리는 새로운 짝을 찾아 떠나기도 한다. 슬프지만 이는 선택이자 본능이다. 내 짝이 사라졌다면 물론 처음엔 허전하다. 얼음 위의 바람이 더 차갑게 느껴진다. 짝이 차지하던 바위 자리는 텅 비어 있고 나는 그 위에서 잠시 머뭇거린다. 그러나 겨울은 길고 생명은 이어져야 한다. 나는 다시 부리를 다듬고 다른 목소리를 따라 걷는다.

우리의 둥지는 흔히 한 해에 한 번씩만 쓰인다. 그곳에 다시 돌아올 수도 있고 그렇지 않을 수도 있다. 같은 자리에 같은 짝을 찾기란 생각보다 쉽지 않다. 그래도 우리가 서로를 알아보는 법은 있다. 부리 끝을 부딪히고 깃털을 부비며 우리는 인사를 나눈다. 어떤 해에는 눈을 마주치며 웃고 어떤 해에는 어색한 고개짓으로 이별을 고한다. 때때로 암컷은 안전한 둥지를 위해 한 짝과 함께하면서도 더 건강한 유전자를 얻기 위해 다른 수컷과 교미하기도 한다. 그것은 전략이다. 내 새끼가 더 강하게 태어날 수 있다면 나는 그 길을 택한다.

우리가 일부일처제라는 말은 겉모습만 본 인간들의 말이다. 우리는 때로 평생을 함께 하기도 하지만 그보다 더 중요한 건 생명의 성공이다. 서로의 깃털을 다듬고 알을 품고 혹한 속을 견디는 것이 사랑의 증명이라면 우리는 그 사랑을 매해 다시 쓰는 셈이다.

나는 지금 내 짝과 함께 있다. 우리는 함께 바람을 맞고 얼음 위에서 번갈아가며 알을 품는다. 나는 그 따뜻함을 믿는다. 그러나 만약 내 짝이 사라진다면 나는 다시 길을 떠날 것이다. 그것은 배신이 아니라 삶을 향한 여정이다.

우리의 사랑은 고정된 것이 아니다. 그것은 얼음 위의 발자국처럼 매년 새로이 찍히고 다시 사라진다. 그럼에도 나는 믿는다. 매해 겨울 그 자리에서 누군가는 나를 기다릴 것이다. 그가 예전의 짝이든 새로운 인연이든 우리는 다시 시작할 수 있다. 비록 사랑이 한결같지 않을지 몰라도 내 삶은 생명을 위한 진심이다. 누군가는 그것을 계산이라 하고 누군가는 본능이라 하겠지만 나는 그저 살아가고 있을 뿐이다.

Part. 2

살아남은건 다 이유가 있다

07

갈비뼈가 어떻게 가장 완벽한 방패가 되었나:
바다거북

　　땅 위에서 가장 느리게 걷는 것 중 하나인 나는 누구보다 오래 살아남은 존재이기도 하다. 태어날 때부터 집을 짊어지고 있었다. 단단한 등딱지라는 작고 둥근 세계 안에서 나는 세상의 모든 속도로부터 나를 지켜냈다. 나는 달리지 않는다. 위협을 받으면 세상의 고함과 속도를 피해서 조용한 껍질 속으로 들어간다. 그 안에서 숨을 고르고 기다리며 다시 세상 밖으로 머리를 내민다. 수천만 년 동안 그렇게 살아왔다. 나는 4000만 년을 살아남은 존재, 거북이다.

거북이는 왜
껍데기로 진화했을까?

　　나는 태어날 때부터 단단한 껍질을 갖고 있었다. 사람들은 흔히 우리를 생각할 때 등껍질만 떠올리지만 사실 우리는 배에도 똑같이 단단한 껍질이 있다. 위는 등갑 아래는 복갑이라고 부른다. 이렇게 위아래를 모두 보호하는 단단한 구조를 가지게 된 건 생존을 위한 아주 특별한 진화의 결과다.

가끔 인간들은 우리의 껍질이 피부인지 뼈인지 혼란스러워한다. 피부라 하기엔 너무나 단단하고 뼈라 하기엔 몸 바깥에 있는 게 어색해 보이기 때문이다. 사실 이 의문에 대한 답은 내 몸속 깊숙이 숨겨져 있다.

오랜 옛날 내 조상들의 이야기를 들어보면 모든 것이 이해될 것이다. 우리가 이렇게 생기게 된 이유를 말이다. 내 등껍질은 본래 척추와 갈비뼈가 서서히 융합되어 만들어졌다. 복갑은 가슴뼈와 어깨띠가 오랜 세월 동안 천천히 변형된 결과물이다. 우리의 단단한 껍질은 단지 멋을 위해서가 아니라 생존을 위한 필수적인 선택이었다.

나는 아주 오래된 기억을 떠올릴 수 있다. 사실 내 기억이 아니라 나를 구성하고 있는 세포 하나하나에 각인된 아주 깊고 오래된 기억이다. 지금으로부터 약 2억 6000만 년 전 내가 지금의 모습과는 많이 달랐던 때로 거슬러 올라간다. 고생대 페름기 후반 이때는 지구가 지금과 전혀 다른 모습으로 펼쳐져 있었다. 거대한 숲과 끝없이 펼쳐진 습지대에 거대한 파충류들이 지상을 지배하고 있었다.

나의 가장 먼 조상 그 최초의 거북이는 에우노토사우루스라고 불

가장 오래된 거북으로 알려진 에우노토사우루스는 현생 거북과 과거 거북의 조상을 연결하는 중요한 연결고리이다

리는 존재였다. 내 몸 깊은 곳 어딘가에는 여전히 에우노토사우루스의 흔적이 남아있다. 그때의 조상은 지금의 나와 아주 다르게 생겼다. 몸길이는 약 30센티미터 정도로 현대의 도마뱀과 크게 다르지 않은 모습이었다. 다만 다리는 더 짧고 튼튼해서 땅 위를 느리지만 강하게 걸을 수 있었다. 그리고 그때만 해도 등갑이나 복갑은 없었다. 하지만 갈비뼈가 넓게 펼쳐진 형태를 하고 있어 나중에 등껍질이 될 기초 구조는 이미 만들어지고 있었다.

그 당시의 삶은 지금보다 더 위험했다. 강력한 포식자들이 지상을 어슬렁거리며 언제든 나를 잡아먹으려 했다. 빠르게 달릴 수 없었던 내 조상은 스스로를 보호하기 위해 몸을 땅에 납작하게 눌러 붙이는 방식으로 갈비뼈를 점점 넓히기 시작했다. 그렇게 몸이 점점 더 단단하게 바뀌어 가면서 조금씩 유연성을 잃었다.

시간이 지나면서 갈비뼈는 더욱더 넓고 견고해졌고 어느 순간 척추와도 결합하기 시작했다. 그렇게 최초의 등껍질 즉 등갑이 만들어졌다. 이 단단한 구조는 느리지만 끈질기게 살아남기 위한 생존의 무기였다. 등갑이 생기고 난 이후로는 몸을 땅에 바싹 붙이지 않아도 포식자로부터 안전하게 보호받을 수 있었다.

이후 배를 보호하는 복갑도 서서히 형성되었다. 처음에는 단지 가슴뼈와 어깨띠 부분의 변형에 불과했지만 시간이 흐르면서 점점 더 커지고 단단해졌다. 결국 등갑과 복갑이 완전히 형성되어 나를 둘러싸면서 나는 마치 걸어 다니는 작은 요새처럼 변모했다.

그렇게 진화한 덕분에 나는 생존 확률이 크게 높아졌다. 이제 강력한 포식자 앞에서도 급하게 도망치지 않아도 된다. 그저 고개와 다리를 내 몸 안으로 숨기면 어떤 공격도 견딜 수 있었다. 세월이 지나면서 내 몸은 조금 더 둔하고 느려졌지만 대신 더 오래 살아남을 수 있게 되었다. 나는 긴 시간을 견디는 법을 배웠다. 인내하고 기다리는 것이 내 가장 큰 능력이다.

지금 이 시대에도 나는 그렇게 살아가고 있다. 사람들은 우리를 보고 느리다고 말하며 가끔 조롱하기도 한다. 하지만 나는 내 몸에 숨겨진 긴 역사와 생존의 비밀을 알 수 있다. 단단한 등갑과 복갑은 단순한 보호구가 아니라 생존을 위한 위대한 진화의 결과임을 말이다.

껍데기가 생존에 유리하기만 할까?

나는 긴 세월을 살아오며 세상에 완벽한 것은 없다는 사실을 깨달았다. 이 단단한 등갑과 복갑조차 완벽하지는 않다. 하지만 그 단점조차도 생존을 위한 과정에서 진화가 만들어낸 것이었다.

껍질은 포식자에게서 나를 지켜주는 아주 강력한 방어막이다. 날카로운 발톱이나 이빨로 공격받아도 견뎌낼 수 있으며 팔과 목을 안으로 감출 수 있어서 가장 약한 부분도 보호할 수 있다. 특히 바다거북은 물속에서 뒤집혀도 자유롭게 헤엄치며 다시 바로 설 수 있지만 육지 거북은 다르다. 우리는 한번 뒤집히면 쉽게 일어설 수 없다. 이를 극복하기 위해 육지 거북의 등껍질은 돔 형태로 뾰족하고 높은 구조

단단한 등갑과 복갑은 포식자의 날카로운 발톱과 이빨로부터 나를 지켜낼수있는 강력한 방어막이다

를 갖추고 있다. 이런 구조 덕분에 넘어져도 쉽게 일어설 수 있도록 진화한 것이다.

껍질의 장점은 여기서 끝나지 않는다. 단단한 등갑과 복갑은 온도를 조절하는 데에도 큰 도움을 준다. 사막처럼 뜨거운 환경에서는 내 등껍질이 태양열을 흡수하거나 반사하여 몸의 온도를 적절히 유지해준다. 또 물속에 사는 내 동족들은 평평한 유선형의 껍질 덕분에 물의 저항을 최소화하여 더 효율적으로 움직일 수 있다.

이러한 다양한 구조 덕분에 우리는 육지 또는 바다 등 어떤 환경에서도 적응할 수 있었다. 지구의 역사 속에서 수많은 멸종 사건이 있었지만 우리는 계속해서 살아남았다. 지속적으로 발견되는 조상들의 화석이 이를 증명해 준다.

하지만 아무리 좋은 것도 한계는 있다. 껍질은 너무 단단해서 움직임이 제한적이고 속도가 느릴 수밖에 없다. 물속에서는 껍질이 유선형으로 설계되어 빠르게 이동할 수 있지만 육지 위에서는 여전히 느리다. 갈비뼈가 껍질과 완전히 융합된 탓에 자유롭게 움직일 수 없고 따라서 일반적인 척추동물과 달리 호흡하는 것도 어렵다. 그래서 우리는 내부의 근육을 이용해 허파를 팽창하고 수축시켜 숨을 쉰다. 이는 정말 독특한 진화적 방식으로 생존을 위한 또 하나의 긴 싸움이었다.

등갑과 복갑이 성장하고 유지되기 위해서는 엄청난 에너지가 필요하다. 성장이 느리기 때문에 번식 속도도 제한적이며 단단한 껍질

거북의 등갑과 복갑은 온도를 조절하는데에 탁월하다.
특히 등껍질을 통해 태양열을 흡수하거나 반사해 몸의 온도를 적절히 유지해준다

로 인해 한 번에 낳을 수 있는 알의 크기와 수가 제한되어 있다. 하지만 우리는 이 어려움까지도 견뎌냈다. 우리는 환경에 따라 껍질의 형태를 다양하게 변화시켰다. 바다거북은 수영에 적합하도록 얇고 유선형의 껍질로 진화했고 육지 거북은 뒤집히는 위험을 최소화하기 위해 돔 형태의 껍질을 발전시켰다. 육지와 물속을 모두 오가는 반수생 거북이들은 가벼운 구조의 껍질을 발달시켜 양쪽 모두에 적응할 수 있게 되었다.

따지고보면 내 가장 큰 단점 중 하나인 느린 속도조차도 사실은 생존에 있어 큰 장점이 되었다. 느리다는 것은 대사율이 매우 낮다는 것을 의미하며 따라서 에너지 소비가 적다. 이 덕분에 나는 오랜 기간 생존할 수 있었다. 결국 우리의 단점은 모두 장점으로 바뀌었다. 이 모든 진화적 적응 덕분에 나는 오늘도 살아남을 수 있는 것이다.

거북이는 어떻게
목을 몸통 안으로 넣을까?

오랜 세월 동안 살아오면서 다양한 방식으로 내 몸을 보호하는 법을 배웠다. 하지만 무엇보다 중요한 것은 약점을 보호하는 방법이었다. 그 중에서도 목을 보호하는 방법은 가장 중요하면서도 특별한 진화의 결과물이었다.

거북이라는 종족 전체를 놓고 보면 우리는 파충류강에 속하며 그 안에서도 거북목目이라는 독특한 분류로 존재한다. 그러나 거북목 안에서도 크게 두 가지 방식으로 목을 보호하는 집단으로 나뉘게 된다. 바로 곡경아목과 잠경아목이다. 곡曲이란 말 그대로 목을 옆으로 굽힌다는 뜻이며 잠潛은 아래로 잠긴다는 의미다.

먼저 곡경아목은 목을 몸 안으로 넣을 때 옆으로 구부려서 밀착시킨다. 몸 안에서는 마치 C자 형태로 접힌다. 이 방식을 사용하는 거북이는 그리 많지 않다. 주로 뱀목거북이와 같이 뱀처럼 길고 유연한 목을 가진 종들이 여기에 해당한다. 그들은 긴 목을 옆으로 구부려 등갑과 복갑 사이의 공간에 최대한 밀착시켜 숨긴다.

하지만 대부분의 우리 거북이는 잠경아목에 속한다. 나 역시 잠경아목으로 목을 보호할 때 아래쪽으로 구부려 넣는다. 사람들은 알지 못하겠지만 내 목은 생각보다 길다. 등갑과 복갑 사이에 긴 목을 그대로 집어넣기란 불가능하다. 그래서 내 목은 S자 형태로 접힌 채 내부로 수납된다.

이때 가장 중요한 것이 무엇일까? 바로 강력한 목 근육이다. 포식자가 나타났을 때 천천히 목을 집어넣는다면 이미 늦다. 내 목이 최약점이기 때문에 나는 목을 매우 빠르게 숨겨야 한다. 이 때문에 내 목 근육은 진화를 통해 강력하게 발달했다. 순간적으로 엄청난 힘을 발휘하여 빠르게 몸속으로 숨길 수 있다.

그리고 또 하나 중요한 것이 있다면 목을 숨길 수 있는 충분한 공간이다. 등껍질과 복갑 사이에는 외부에서는 보이지 않지만 목을 넣을 수 있는 충분한 공간이 존재한다. 인간들이 보기에 내가 목을 집어넣는 과정이 마치 마법처럼 보일 것이다. 그러나 실제로 목은 몸 안으로 들어가면서 정교하게 접히는 과정을 거친다. 이 과정은 내부에서만 이루어져 바깥에서는 거의 보이지 않는다.

나는 이런 구조 덕분에 오랜 세월을 생존할 수 있었다. 진화를 통해 얻은 이 독특한 방식은 환경에 적응하며 살아남기 위한 가장 효율적인 선택이었다. 목을 숨기는 방법의 차이로 거북이 종족은 다양한 생태계를 점령할 수 있었으며 그 결과 지구상 거의 모든 지역에서 거북이가 발견되는 것이다.

거북의 조상은
수생? 육생?

인간들은 내 등껍질을 보며 "어떻게 이런 모습이 되었을까?"라고 종종 궁금해한다. 나 역시도 가끔 그런 생각을 했다. 하지만 답은 간단하다. 진화의 긴 여정을 돌아보면 쉽게 이해할 수 있다.

수중에서보다는 육지 생활의 정황이 뚜렷하게 보이는 에우노토사우루스의 몸구조는 땅을 파거나 몸을 보호하는 데 아주 유리하다

　가장 먼저 내 등갑이 왜 생겼는지를 생각해 보자. 크게 두 가지 가설이 존재한다. 첫 번째는 육상에서 기원했다는 육생 기원설이다. 내 가장 먼 조상인 에우노토사우루스를 떠올려보자. 그때는 등갑도 복갑도 없었고 그저 넓고 평평한 갈비뼈만 있었다. 이 구조는 땅을 파거나 몸을 보호하는 데 아주 유리했다. 갈비뼈가 넓게 펼쳐진 형태는 땅 위에서 포식자의 공격을 받았을 때 보호막 역할을 했을 가능성이 크다.

　에우노토사우루스의 화석을 보면 수중 생활의 흔적은 거의 없지만 육지 생활의 흔적은 뚜렷하다. 이후 등장한 초기 거북인 오돈토켈리스의 경우에는 배 부분을 보호하는 복갑이 먼저 나타났다. 이는 육상에서 생활하며 복부를 보호할 필요가 컸기 때문이다. 이로써 육생 기원설은 꽤 설득력을 얻는다.

하지만 또 다른 가능성 즉 수생 기원설도 강력한 증거가 있다. 어떤 이들은 넓은 등껍질이 수중에서 안정성을 높이고 유선형 몸체를 형성하는 데 매우 유리했기 때문에 진화했다고 주장한다. 실제로 내 유전자에는 악어와 같은 수생 파충류와 가까운 공통 조상이 존재한다는 흔적이 남아있다. 또한 내 호흡의 구조를 보면 근육을 통해 비교적 쉽게 물속에서 산소를 교환할 수 있는 능력을 가지고 있다. 이러한 특징들은 거북이의 조상이 물속에서 기원했을 가능성을 보여주는 강력한 증거가 된다.

하지만 최근 과학자들의 의견은 두 가설을 조화롭게 통합하는 방향으로 흐르고 있다. 초기 거북이들은 육상에서 기원했고 이후 수생 환경으로 진출하면서 적응했다는 것이다. 화석 기록도 이를 뒷받침한다. 초기 조상인 에우노토사우루스와 오돈토켈리스는 육지와 물속 생활의 중간 형태를 보여주는 특징을 갖고 있다. 이들은 육지에서 등껍질과 복갑의 기초를 다진 후 일부가 물속으로 들어가면서 평평한 등껍질과 유선형 몸체를 발전시켰다. 진화는 하나의 환경에서 다른 환경으로 이동하면서 이뤄진 위대한 여정이었다. 육생 기원설과 수생 기원설이 서로 배타적이지 않다는 것이 결론이다.

1/1000의 생존율의 새끼 바다 거북

새 생명의 출발이 얼마나 험난한지 누구보다 잘 알고 있다. 수많은 알 중에서 깨어나 바다로 향하는 작은 새끼 거북이들의 여정은 결코 쉽지 않다. 그 여정은 몇 시간 아니 심지어 몇 분조차도 채 걸리지 않는다. 알에서 나온 작은 발걸음이 처음 닿는 모래사장 위에서부터 포식자들이 기다리고 있기 때문이다.

모래사장에서 바다까지의 거리는 짧지만 이 짧은 거리가 새끼들에게는 끝없는 위험으로 가득 찬 길이다. 수많은 게와 갈매기들이 하늘과 모래 위에서 기다리며 갓 태어난 내 동족들을 하나씩 잡아먹는다. 한 번의 부화에 수백, 수천 마리의 새끼가 태어나지만 바다에 무사히 도달할 수 있는 새끼는 극히 드물다. 천 개의 알에서 단 한 마리만이 성체로 살아남을 수 있는 것이 현실이다.

이렇게 어려운 생존 확률을 높이기 위해 우리 거북이들은 비슷한 시기에 함께 해안으로 올라와 알을 낳는다. 혼자서 알을 낳으면 그 새끼들은 모두 잡아먹힐 것이 분명하기 때문이다. 하지만 수백, 수천 마리가 동시에 부화하여 함께 바다로 향하면 포식자의 수는 한정적이므로 몇 마리라도 살아남을 수 있는 가능성이 높아진다.

"새끼 거북이가 죽어가는 것이 안타까워.
우리가 도와줘야 하지 않을까?"

이렇듯 때때로 인간들이 바다로 향하는 새끼 거북이들을 도와줘야 하는지 말아야 하는지에 대해 이야기하는 것을 듣는다. 인간들의 활동으로 인한 위험이 증가했기 때문에 어느 정도의 도움은 분명히 필요하다. 예를 들어 인간들이 설치한 밝은 불빛 때문에 많은 새끼들이 길을 잃고 헤매게 된다. 본래 새끼 거북이들은 달빛이 비치는 바다

지극히 낮은 생존 확률을 뚫고 바다로 향해 나아가는 새끼 거북

를 향해 나아가지만 해안가의 밝은 조명이 그들을 혼란스럽게 한다. 이는 결코 자연스러운 상황이 아니다. 이런 경우에는 인간들이 그들을 바다로 안내해주는 것이 당연히 옳다.

또한 해안가가 인간의 개발로 인해 심각하게 줄어들었다. 한때 우리 거북이들이 알을 낳던 광활한 모래사장은 이제 몇몇 지역으로 축소되었다. 그 결과 번식할 장소가 부족해졌고 알을 낳는 수와 장소도 크게 감소했다. 이러한 상황에서는 인간들이 나서서 번식 장소를 보호하고 확보해줄 필요가 있다.

더욱 심각한 문제는 인간이 버린 플라스틱 쓰레기이다. 많은 새끼 거북이들이 바닷가로 향하는 도중 플라스틱 쓰레기나 병을 넘지 못하고 갇혀 버린다. 자연 상태에서는 아무 문제없이 바다로 향할 수 있었던 이 친구들이 인간의 쓰레기 때문에 길을 잃고 죽게 되는 것이

하와이 북서부에 위치한 '레이산'이란 섬으로
수많은 해양쓰레기로 인해 생태계에 심각한 위협이 되고있다

다. 이 또한 인간이 반드시 해결해야 할 문제이다.

하지만 이번엔 내가 묻겠다.

"모든 새끼 거북이를 무조건 도와주는 것이
과연 옳은 일일까?"

이 문제는 단순하지 않다. 새끼 거북이는 본래 대규모 포식에 노출되도록 진화해 왔다. 그들의 생존율이 낮은 것은 자연적인 선택의 결과이며 이를 통해 강한 개체만이 살아남아 종 전체의 건강을 유지한다. 게와 갈매기 역시 자연스럽게 새끼 거북이를 먹으며 살아가는 생물들이다. 인간이 지나치게 개입하면 이 포식자들의 개체 수도 균형을 잃게 될 것이다.

또한 지속적인 인간의 개입으로 인해 약한 개체까지 모두 살아남게 된다면 장기적으로 거북이 종족 전체의 유전적 건강성에도 악영향을 미칠 가능성이 크다. 그렇기 때문에 모든 새끼 거북이를 돕는 것이 아니라 인간의 활동으로 인해 야기된 불필요한 위험만을 해소하는 방향으로 균형을 잡아야 한다고 생각한다.

나는 오늘도 천천히 바닷가를 향해 걸으며 새 생명들이 자연과 인간의 균형 속에서 안전하게 살아남기를 희망한다. 모든 생명이 조화롭게 살아가는 세상을 꿈꾸며 나는 이 긴 역사의 한 페이지를 조용히 지켜보고 있다.

08

나의 사촌은 바다로 가고, 나는 맛이 없어 살아남았다:
나무늘보

숲은 빠르게 움직이는 생명들로 가득하다. 원숭이들은 쉴 새 없이 뛰놀고 새들은 하늘을 가르며 노래한다. 그들 사이에서 나는 마치 시간에서 한 걸음쯤 뒤로 물러난 존재 같다. 하지만 그건 외로움이 아니다. 그건 고요함이다. 고요함은 언제나 생각보다 깊다.

밤이 되면 별빛이 나뭇잎 위로 내려온다. 나는 몸을 조금 움직여 자세를 바꾸고 가끔은 너무 오래 움직이지 않아 이끼가 등에 돋는다. 그것조차 나는 받아들인다. 이끼가 나를 감싸 안을 때 나는 더 숲과 가까워진다. 나는 나무의 일부가 되고 숲의 일부가 된다. 그렇다. 나는 나무늘보다.

나무늘보는
어떻게 생존해 왔을까?

나는 세상에서 가장 느리게 살아가는 동물이다. 어떤 날은 단 하루 동안 한 그루의 나무도 벗어나지 못하고 어떤 날은 아예 한 발자국도 움직이지 않는다. 내 움직임은 달팽이보다 느리고 구름보다 게으르다. 심지어 이끼보다도 더 느리다. 그래서 내 털 위엔 진짜 이끼가 자란다. 내가 느리게 살아가는 동안 초록빛 이끼는 나와 함께 자라며 내 몸을 자연의 일부처럼 위장시킨다.

사실 나는 이끼 덕분에 포식자에게 들키지 않고 살아남는다. 높은 나무 위에서 몸을 웅크린 채 조금씩 몸을 옮기며 잎을 뜯어먹고 어느 날은 가만히 눈만 감는다. 그 모든 시간을 통틀어 내가 하는 일이라고는 살아가는 것뿐이다. 인간들은 나를 보고 묻는다.

"어떻게 아직 멸종되지 않고 살아있지?"

어떤 이들은 나를 신기해하고 어떤 이들은 나를 비웃는다. 심지어 어떤 인간은 내게 '느려터진 놈'이라 이름을 붙이기도 했다. 하지만 내가 살아남은 이유가 단지 느림 때문만은 아니라는 걸, 더 정확히 말하면 나는 맛이 없기 때문에 살아남았다. 그들은 내 털을 보고 기겁한다.

"이게 뭐야? 초록색 털이야?"

아니 그건 털이 아니라 내 몸에 붙은 이끼. 오랜 시간 움직이지 않

나무늘보의 몸을 뒤덮은 이끼는 자연의 일부로 보이는 위장술이며, 포식자로부터 스스로를 지키는 중요한 수단이 됐다

앉기에 숲의 습기와 공기가 나를 덮었고 그 위에 이끼가 뿌리내렸을 뿐. 인간은 맛이 없는 걸 먹지 않는다. 심지어 보기에도 좋지 않은 건 아예 관심조차 갖지 않는다. 나는 그들의 기준에서 먹고 싶지 않은 생명체였다. 그 사실이 나를 살렸다.

오래전 이야기다. 먼 조상들 중에는 더 크고 더 빠른 늘보도 있었다. 거대한 몸집으로 땅을 걷던 그들은 수많은 변화 속에서 점점 사라져 갔다. 무언가와 경쟁하고 더 많이 먹고 더 빨리 번식하려 했지만 그 욕망은 살아남기에 너무 무거웠다.

하지만 나는 달랐다. 내 방식은 단순했다. 최소한만 움직이고 필요할 때만 먹으며 쓸데없는 다툼을 하지 않는다. 그저 나무 위에서 하루 한 장의 잎만으로도 만족하며 살아간다. 어떤 이는 그런 나를 무기력하다고 말한다. 나는 분명하게 말하고 싶다.

> **"조용한 생존도 생존이다."**

라고 말이다.

포식자들이 과거에는 많았다. 독수리, 재규어, 인간. 그들 모두가 나를 위협했다. 하지만 나는 너무 느렸다. 느려서 눈에 띄지 않았고 움직이지 않아서 존재를 의심받았다. 다른 동물들은 눈이 좋지 않다. 움직이지 않는 것을 잘 보지 못한다. 느림은 그래서 위장이 된다. 바람이 나뭇가지를 흔들 때 그 속에 숨어 있는 나는 그저 찰랑이는 나뭇잎으로 보일 뿐이다. 그게 최고의 방어였다.

어느 날 나뭇가지 끝에 매달려 있었을 때였다. 한 무리의 인간이 지나가며 나를 발견했다. 한참을 쳐다보더니 그 중 하나가 말했다.

> **"진짜 살아있는 거야? 이끼가 덮였는데?"**

나는 눈을 느리게 깜빡였고 그들은 웃음을 터뜨리며 사라졌다. 아무것도 하지 않은 것이 그 순간 나를 구했다. 그러나 슬픈 것은 우리도 이제 얼마 남지 않았다. 숲은 점점 줄어들고 하늘은 예전보다 붉게 물든다. 가끔 밤에도 너무 밝다. 인간들이 만들어낸 불빛 때문이다.

그럼에도 나는 버티고 있다. 아직 나무는 있고 잎은 자라며 바람은 나뭇가지를 흔든다. 이끼는 내 등에 점점 더 넓게 퍼진다. 어쩌면 언젠가는 내 몸 전체가 이끼에 덮여 완전히 나무처럼 보일지도 모른다. 그땐 나조차도 내가 나무인지 나무늘보인지 헷갈릴 것이다.

그렇게 되면 진짜 완벽한 위장술이 될 거다. 그리고 나는 그 상태로도 살아남을 것이다. 느리게, 하지만 오래도록. 나는 빠르게 달릴 수 없고 높이 뛸 수도 없다. 하지만 나는 느리게 생각하고 느리게 움직이며 세상의 모든 속도에서 자유롭다. 멸종되지 않은 건 기적이 아니라 선택이었다. 나는 빠른 것을 거부했고 그 대가로 오랜 생존을 얻었다.

인간과 침팬지 사이보다 먼 종인 두 나무늘보

한낮의 숲은 조용하다. 햇살은 잎사귀 사이로 떨어져 내 등을 따뜻하게 덮고 나는 천천히 아주 천천히 고개를 들어 하늘을 바라본다. 시간이 얼마나 지났는지 모르지만 이만하면 충분하다. 움직이는 데 한참이 걸렸고 이 한 번의 움직임으로 오늘 하루의 에너지를 거의 다 쓴 셈이니까.

나는 세 발가락 나무늘보다. 내게는 세 개의 긴 발가락이 있고 그걸로 나뭇가지를 꼭 쥐고 매달린다. 나는 나뭇잎만 먹는다. 열매, 벌레, 줄기도 있지만 내겐 그저 부드럽고 얇은 잎사귀 하나. 그걸 천천히 씹으며 살아간다. 인간들은 간혹가다 두 발가락 나무늘보와 나를 헷갈려 한다.

린네두발가락나무늘보는 활동 시 등을 밑으로 하고
나뭇가지에 매달려서 이동하는 것이 특징이다

"어, 두 발가락 나무늘보네?"
"같은 종류 아니야?"

나는 천천히 눈을 깜빡이며 대답하고 싶어진다. 아니 우리는 닮았지만 전혀 다르다. 그들의 눈에는 두 발가락 나무늘보가 나와 닮아 보이나 보다. 길게 늘어진 몸, 느린 움직임으로 나무 위에서의 생활. 하지만 그건 껍질일 뿐이다. 속은 다르다. 진짜로 속 屬이 다르다. 세발가락나무늘보인 나는 브라디푸스 Bradypus, 두발가락나무늘보는 콜레오푸스 Choloepus.

이건 인간과 침팬지를 구분할 때의 차이보다 크다고 볼 수 있다. 태어났을 때부터 다르다. 역사의 시작부터 방향이 완전히 갈라져 있었던 것이다. 나는 4000만 년 전 아주 오래전 잎사귀 속에 숨어 살던 조상에게서 이어졌다. 그들은 3500만 년 전 커다란 덩치를 지녔던 대형 나무늘보의 후손이다. 다리를 끌며 걷던 그 조상들과 그 거대한 뼈들이 지금은 화석으로 박물관에 누워 있다. 하지만 나는 여전히 나무 위에 매달려 살아간다. 가볍고 조용하게.

가끔은 그들을 마주친다. 밤의 숲 어귀에서 열매 냄새가 풍기는 쪽으로 발을 뻗다 보면 그곳에 두발가락나무늘보가 있다. 그들의 눈은 내 것보다 조금 더 반짝인다. 그들의 움직임은 내 것보다 조금 더 빠르다. 그들은 나보다 큼직하고 더 많은 종류의 먹이를 먹는다. 처음 그들을 봤을 땐 이상한 기분이 들었다. 어딘가 닮았는데 전혀 다르게 생긴 형제처럼. 하지만 대화를 나눌 필요도 없었다. 우리는 서로 말이 통하지 않았다. 그들은 열매를 씹었고 나는 잎사귀를 음미했다.

그날 이후로 나는 알게 됐다. 우리는 단지 생존 방식이 비슷한 것뿐이라는 걸. 먹는 것이 다르고 사는 방식이 다르고 조상의 뿌리가 다르다. 단지 느림과 매달림이라는 공통된 전략이 우리를 비슷하게 만들어 놓은 것일뿐. 다른 시작, 같은 환경, 비슷한 결과. 같은 숲, 같은 위기, 같은 해법. 그래서 우리는 닮았지만 결코 같지는 않다.

우리는 불편해서가 아니라 본능적으로 서로를 외면한다. 서로를 짝으로 생각하지 않는다.
피가 다르고 살 냄새가 다르고 가장 중요한 건 느낌이 다르다. 내게는 그들이 너무 빠르다. 그들에게는 내가 너무 게으르다. 가끔은 그들이 놀리는 듯한 눈빛을 보낼 때도 있다.

갈색목세발가락나무늘보는 보통 조용히 홀로 살아가며 극단적으로 느린 신진 대사로 인해 하루 한 장의 잎만으로도 충분히 생존할 수 있다

"잎사귀만 먹고 그렇게 살아남을 수 있어?"

나는 웃는다.

"벌레까지 먹어야 할 만큼 절박하진 않아."

그 말은 한 적 없지만 그 눈빛은 분명히 전해졌다. 조용히 나뭇가지 너머에서. 사실 우리는 둘 다 위태롭다. 숲은 점점 줄어들고 있고, 나무는 점점 더 잘려나가고 있다. 인간들은 이제야 깨닫기 시작했다. 우리가 얼마나 오래된 존재인지 그리고 얼마나 적게 남았는지. 가끔 숲에 인간이 들어와 사진을 찍는다. 그들은 나를 보고 말한다.

"얘네는 너무 느려서 귀엽다."

나는 그 말이 무섭다. 귀엽다는 말은 종종 '보호할 가치가 있다'는 말일 수도 있지만 그만큼 '쓸모 없다'는 말이 되기도 하니까. 두발가락나무늘보든 세발가락나무늘보든 우리는 모두 살아남기 위해 애쓰고 있다. 같은 숲에서 다른 방식으로.

밤이 깊어지고 있다. 나는 다시 잎사귀 하나를 입에 물고 천천히 아주 천천히 씹는다. 어쩌면 수천 년 전 조상도 이렇게 씹었겠지. 아무도 보지 않는 숲에서 아무 말 없이. 내가 이 자리에 있는 이유는 단지 느려서가 아니다. 내가 이 자리에 있는 이유는 나만의 방식으로 살아남았기 때문이다. 그 방식은 그 어떤 존재와도 같지 않았다. 그리고 앞으로도 같지 않을 것이다. 우리는 이름만 공유한다. 그 이상도 이하도 아니다.

코끼리만큼 거대했던 땅늘보 '메가테리움'

우리가 항상 나무 위에서만 살았던 건 아니다. 나조차도 믿기 어려울 정도로 먼 옛날 우리 중 일부는 땅 위에서 살았다. 그것도 아주 아주 거대한 모습으로.

그 이름은 메가테리움. 인간들이 붙인 이름이지만 나는 그걸 이렇게 부른다.

"거대한 사촌."

메가테리움은 몸길이 6미터에 최대 몸무게 3~5톤으로 '거대한 짐승'이란 학명처럼 코끼리만한 덩치가 특징이다

　그는 지금의 나와는 많이 달랐다. 나뭇잎 하나를 먹는 데도 열 번은 씹는 나와는 달리 그는 한 번 휘두른 발로 나무를 꺾고 입안 가득 잎을 쓸어 넣었다. 몸길이는 6미터에 달했고 몸무게는 코끼리만큼 무거웠다고 한다. 상상해 보라. 나처럼 조용히 나뭇가지를 옮기는 존재가 아니라 땅을 울리며 움직이는 늘보라니.

　하지만 그는 분명히 내 조상이었다. 다만 다른 길을 걸었을 뿐이다. 나는 나무를 택했고 그는 대지를 선택했다. 그가 살던 곳은 지금의 남아메리카. 넓은 평야와 숲이 공존하던 시절이었다. 그는 땅을 파고 동굴을 만들며 그곳에 살았다. 그가 판 동굴은 사람이 서서 걸을 수 있을 만큼 컸다. 아니 사람이 아니라 그 스스로가 서서 다닐 수 있게 만든 크기였지.

그가 살아있던 마지막 시기가 중요하다. 1만 년 전 인간이 불을 피우고 무리를 지어 살아가던 바로 그 시기까지 그는 존재했다. 나는 종종 상상한다. 인간과 메가테리움이 같은 강가에서 물을 마시던 모습을. 아이들이 그 거대한 생명체를 바라보며 놀라움을 감추지 못했을 풍경을.

그렇다고 해서 그가 느림의 아이콘은 아니었다. 물론 지금의 나처럼 느린 것은 아니었지만 결코 재빠른 생명체도 아니었다. 몸집이 컸기에 굳이 빨라야 할 이유가 없었다. 포식자의 위협이 적었고 주식은 풀. 풀은 도망가지 않으니 그저 가만히 자라고 있는 걸 찾아 먹기만 하면 됐다.

하지만 그 느림은 언젠가부터 위협이 되기 시작했을 것이다. 인간들이 창과 불을 들고 나타났을 때 거대한 몸은 방패가 되기보다 표적이 되었을 것이다. 도망칠 수 없었고 싸울 수도 없었다. 거대한 발톱이 무기였지만 생존 본능보다 느긋한 삶에 더 익숙했던 그는 결국 멸종이라는 이름으로 세상에서 사라졌다.

그리고 남은 건 나였다. 나와 같은 작은 나무늘보들. 우린 더 이상 큰 몸집을 꿈꾸지 않았다. 대신 우리는 나무를 택했다. 높은 곳 아무도 쉽게 올라올 수 없는 가지 위. 적은 에너지로도 오래 버틸 수 있는 삶.

나는 종종 꿈을 꾼다. 거대한 내 사촌이 밤하늘을 걷는 꿈. 커다란 앞발로 별을 휘저으며 웃는 꿈. 그는 나에게 말한다.

"너는 잘 살아남았구나. 나는 너무 무거웠어."

나는 그저 잎사귀를 씹으며 고개를 끄덕인다. 그의 등은 땅을 지탱했고 내 등엔 이끼가 자란다. 그는 세상을 딛고 있었고 나는 세상 위에 매달려 있다. 살아남는 방식은 달랐지만 우리에겐 공통점이 있다. 우리는 모두 조용한 생명체였다.

바다로 간 늘보 '탈라소크누스'

나는 또 다른 이야기를 들려주고 싶다. 우리가 잊어버린 물속으로 들어간 또 다른 친척 말이다.

그의 이름은 탈라소크누스. 나는 그를 '바다늘보'라 부른다. 물론 고래처럼 바다 깊은 곳까지 들어가 사는 건 아니었다. 그는 따뜻한 남아메리카의 해안, 페루와 칠레 근방의 얕은 바다에서 살았다. 약 1100만 년 전부터 400만 년 전까지 바닷바람이 불고 조용한 파도가 일렁이는 곳에서.

주로 육지에서 생활하던 땅늘보와는 달리 탈라소크누스는 바다에서 서식했다

처음엔 나처럼 땅 위에서 시작했다. 하지만 어느 날 그는 발끝을 물에 담갔고 그 이후로 조금씩 아주 조금씩 물속을 향해 걸어갔다. 점점 더 깊은 곳으로. 그 변화는 우리 나무늘보들이 나무를 타기 시작했던 것만큼이나 특별하고 조용했다.

그는 바닷속의 해조류를 먹기 위해 뼈를 바꿨다. 말 그대로 그의 뼈는 점점 무거워졌다. 왜냐고? 물속에 가라앉기 위해서다. 바다의 부력을 이기기 위해서는 몸이 무거워야 했다. 고래처럼 유영하지 않았고 매너티나 듀공처럼 둥둥 떠 있지 않았다. 그는 바다 바닥을 천천히 걸어 다니며 먹이를 뜯었다.

나는 그 이야기를 듣고 얼마나 감탄했는지 모른다. 우리는 느림의 대가지만 그는 느림에 적응이라는 무기를 더한 존재였다. 뼈를 바꾸고 턱과 이빨을 바꾸고 서서히 바닷속을 걸었다. 수영이 아닌 걷기. 그의 방식은 늘 우리와 닮아 있었다.

하지만 끝내 그는 완전히 바다로 들어가진 못했다. 숨을 쉬기 위해서 육지로 나와야 했고 포식자와 파도의 위협도 피할 수 없었다. 그래도 그는 오랫동안 버텼다. 마치 우리가 나무에 매달려 느림으로 살아남았듯이 그는 무거운 뼈로 가라앉으며 버텼다.

그건 마치 인간들이 다이빙 장비를 차고 바다로 들어가는 것과 같았다.

그러나 그는 오래 살지 못했다. 메가테리움이 1만 년 전까지 살았던 반면 탈라소크누스는 이미 400만 년 전에 사라졌다. 왜냐고? 언제나 같은 이유다. 기후가 바뀌었고 해양 환경도 바뀌었다. 먹이는 줄었고 서식지는 불안정해졌다. 그리고 결정적으로 대륙이 움직였다.

옛날에는 북아메리카와 남아메리카는 떨어져 있었다. 그래서 두 대륙의 동물은 전혀 달랐다. 그런데 파나마 해협이라는 바다가 마르고 육지가 생겼다. 두 대륙이 하나로 붙은 것이다.

그렇게 되면 두 가지가 바뀐다. 하나는 바다가 나뉘었다는 점. 대서양과 태평양이 파나마 지협을 사이에 두고 달라졌다. 해류도 바뀌었고 바닷속 생물의 구성이 급격히 달라졌다. 탈라소크누스가 의존하던 해조류는 줄어들었고 환경은 변했다.

또 다른 변화는 생물의 이동. 북쪽에서 온 포식자들이 남쪽으로 내려왔다. 듀공과 매너티 같은 해양 포유류들과의 경쟁도 시작되었다. 그들은 더 멀리 그리고 더 깊이 들어갈 수 있었다. 탈라소크누스는 그들을 따라가지 못했다. 무겁게 만든 뼈는 더 깊이 들어갈 수는 있었지만 유연하지 않았다.

급격한 환경 변화에 큰 몸집의 동물은 항상 약하다. 느리고 무겁고 적응이 느리다. 그래서 그는 사라졌다. 그 바다는 더 이상 그를 위한 곳이 아니었다.

아마존의 생명은 나의 먼지에서부터 시작된다:
사막

　나는 원래 바다의 일부였다. 바닷물 속을 유영하던 산호였고 조개였다. 어떤 이는 내 몸 위에 고요히 내려앉아 낮잠을 자기도 했다. 밀려오는 파도에 휘말려 빛에 씻기고 바람에 깎이며 나는 수천 년을 살아왔다. 그러다 나는 부서졌고 잘게 조각났으며 마침내 모래가 되었다. 그리고 떠밀렸다. 육지로, 숲으로.

　그 숲은 한때 울창했다. 초록이 넘실거렸고 짐승들은 숨을 쉬며 살았고 인간은 그 한가운데에 있었다. 그들은 무성한 나무들을 잘랐다. 강줄기를 굽게 만들고 땅을 가르고 나를 담을 수 있는 댐을 만들었다. 내 형제들은 물길이 마른 바닥 위에 흩뿌려졌고 바람은 우리를 다시 데리고 날았다. 나는 가만히 있었지만 어디로든 날아갔다. 나무가 사라진 땅 위로 잎이 말라붙은 길 위로. 나는 점점 더 많은 땅을 덮었다. 나는 침묵했고 그 침묵은 자랐다.

인간들은 그것을 '사막화'라 불렀다. 그들은 이 변화가 너무 빠르다고 했다. 하지만 그건 틀렸다. 나는 언제나 천천히 움직여왔다. 단지 그들이 너무 빨리 자신들의 발밑을 잊어버렸던 것뿐이다. 한때 나를 감쌌던 바다는 그들에게 경고했다. 해수면은 올라왔고 빙하는 무너졌으며 바닷바람은 매서워졌다. 바다는 그들의 도시를 삼키기 시작했고 나는 그들의 밭을 덮기 시작했다.

나는 그저 돌아가는 것뿐이다. 원래의 자리로. 태초부터 존재했던 그 조용한 흐름 속으로. 나는 흩날리는 모래 때로는 파도 위의 거품. 나는 바다였고 숲이었고 지금은 사막이다. 그리고 나는 계속해서 이동한다.

사막은 왜 생기는 걸까?

지금은 메마른 바람과 작열하는 태양에 익숙해진 채 묵묵히 이 대지를 지키고 있지만 내 기억은 아주 다르다. 나는 기억한다. 내가 부드러운 풀밭 위를 흘러가던 물가의 흙이었을 때를. 코끼리들이 느긋하게 걸어가고 하마들이 물 속에 잠겨 눈만 내민 채 졸던 그 시절을. 나는 초록으로 가득 찬 그 세계의 바닥을 이루고 있었다.

사하라는 특별하게 아름답다. 아타카마의 냉담한 바위도 서호주

사막은 인간한테 쓸모없는 땅, 황무지로 알려져있지만,
과거엔 바다였고, 숲이었으며 생명의 기억을 품고있는 땅이다

의 자갈 바닥도 고비의 메마른 흙도 품지 못한 그 어떤 생명의 기억을 나는 품고 있다. 지금 내 위에 올라온 인간들은 이 거대한 황무지 한복판에 수영장을 만들기도 한다. 말이 안 된다고들 하지만 그건 오히려 내 과거를 입증하는 증거다. 수영장이 있다는 건 그만큼 지하에 물이 많다는 뜻이니까. 지금은 땅속 깊이 숨어 있지만 한때는 내 위를 자유롭게 흐르던 물이었다.

나는 인간들이 위성 사진으로 나를 내려다보던 순간을 기억한다. 건조한 내 등을 스캔하며 희미한 강줄기와 호수의 흔적을 포착하던 그들. 위에서는 불명확했기에 그들은 직접 내려왔다. 땅을 파헤치며 나를 뒤지고 내 안에서 오래전 침전된 호수의 자취들을 발견했다. 나는 그들에게 이야기했다. "여긴 호수였다. 생명이 넘실거렸던 진짜 호수였다."

그들은 차드 호수를 보며 상상했다. 과거엔 이보다 훨씬 컸을 거라고. 메가 차드라 불리는 그 호수는 내 젊은 시절의 심장이었다. 나는 그 품에서 하늘을 비추었고 별들을 담아냈으며 생명들을 길렀다. 내 퇴적층은 증거를 품고 있다. 식물화석과 꽃가루, 바람에 날려 내게 안긴 수천 가지의 종자들. 나는 그들에게 휴식처를 내어주었고 그들은 나에게 기억을 남겼다.

그 기억 속에는 동물들도 있었다. 인간들은 말한다. 식물이 있었다면 동물도 있었을 것이다. 그 추론은 옳았다. 내 몸속에서 사자의 이빨, 코끼리의 어금니, 하마의 넓적한 뼈, 악어의 딱딱한 등껍질이 발굴되었다. 나는 그들을 기억한다. 그들이 남긴 발자국과 숨소리, 싸우고 사랑하고 사라진 모든 순간들.

그 중에서도 하마와 악어는 특별한 존재였다. 물이 없다면 살 수 없는 그들. 그들의 화석이 나에게 있다는 건 내가 한때 얼마나 풍요로웠는지 증명한다. 단지 물을 마시기만 해도 되는 코끼리와는 달리 그들은 온몸을 물에 담그며 살아야 했다. 그들의 무게 그들의 체온을 감쌌던 물은 내 피부 위를 흐르고 있었던 것이다.

그리고 인간들 역시 이 땅을 기억하고 있었다. 타실리나제르의 절벽에는 바위에 새겨진 오래된 이야기들이 있다. 그들은 가축을 기르고 사냥을 하며 물가를 따라 살아갔다. 그들의 손으로 바위에 남긴 선은 곧 내 또 다른 기억이다. 나를 지나간 수천 년의 사람들 그들의 노래와 노동 기도와 갈증. 많은 이들이 묻는다.

타실리나제르 암석 지대에 그려진 바위그림엔 소와 악어같은 생물부터 수렵을 하는 사람들의 모습이 그려져있다.

"사막에서도 화석이 생겨?"

나는 웃고 싶어진다. 사막은 최고의 기억 저장소다. 모래 속에 묻히면 생명은 썩지 않고 형태를 남기다. 유기물이 빠져나가고 그 자리에 모래 성분이 들어가 돌로 굳는다. 화석이란 뼈가 아니라 뼈의 기억이다. 나는 그들을 품고 있었고 지금도 계속해서 품고 있다.

한국에선 공룡 발자국이 남았지만 공룡의 뼈는 발견되지 않았다. 왜냐하면 사암, 즉 모래가 쌓여 만든 암석이 눈에 잘 띄지 않기 때문이다. 미국의 중부, 몽골, 중국 같은 곳은 모두 내가 기억을 품기 좋았던 땅들이다. 손으로도 부서질 만큼 부드러운 사암 속에서 나는 기억을 꺼내 보인다. 곡괭이 하나로도 섬세하게 파낼 수 있는 내 자취들.

이제는 과학이 더 정교해졌다. 인간들은 드론을 띄운다. 나는 그들을 하늘에서 맞이한다. 드론은 내 등을 헤집으며 돌과 뼈를 구분하고 GPS는 내 자리를 기록한다. 나는 그것이 반갑다. 나를 이해하려는 손길은 더 이상 낯설지 않다.

그러나 내가 사막이 된 사연은 오직 인간 탓만은 아니다. 나를 바꾼 것은 지구 자체의 흔들림이었다. 세차 운동, 즉 지구 자전축의 미세한 떨림은 마치 흔들리는 팽이처럼 자전축을 움직였다. 자전축이 움직이면 태양과의 각도가 변하고 복사열이 달라진다. 나는 그것을 그대로 맞았다. 기울어진 태양빛은 더 이상 나를 적시지 않았고 그 결과 나는 메마르게 되었다.

과학자들은 시뮬레이션을 하며 기후 모델링을 통해 내 변화를 그려보려 한다. 그리고 가장 그럴듯한 설명을 내놓았다. 세차 운동으로

캄보디아의 프레이 크멩 유적지에서 발굴작업을 하는 고고학자들

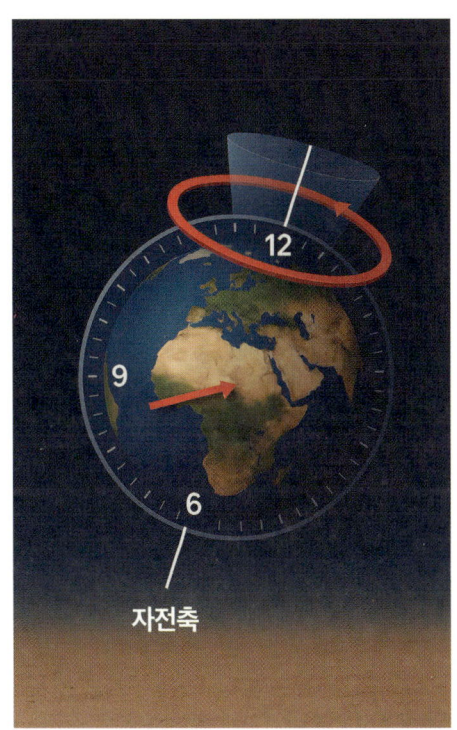

지구 자전축의 미세한 떨림은 자전축을 움직이고, 자전축의 방향 변화로 인해 태양으로부터 받는 복사열이 달라져 계절 변화에 영향을 주고 나아가서는 기후 변화를 유발할 수 있다

인해 자전축이 바뀌고 그로 인해 사하라는 점점 더 건조해졌다는 것이다. 하지만 그 말은 곧 시간이 지나면 다시 초록으로 되돌아갈 수도 있다는 뜻이 된다. 1만 년 전처럼.

만약 그렇게 된다면? 내가 다시 비를 맞고 잎이 자라며 동물이 돌아온다면? 그때 지구는 또다시 흔들릴 것이다. 나는 단지 사막이 아니다. 나는 거대한 기후 메커니즘의 중심이다. 내가 변하면 아마존도 변한다. 지금은 내가 보낸 먼지가 대서양을 건너 그 밀림에 인산염 phosphate 을 뿌리고 있다. 하지만 내가 숲이 되면 그 먼지는 멈출 것이다. 아마존의 생태계는 흔들릴지도 모른다.

지금은 사하라에서 발생한 뜨거운 공기가 아프리카 대륙을 넘어서 대서양을 건너서 아마존에 영향을 미치고 있다. 사하라가 만약 녹지가 된다면 사하라에서 발생하는 고기압 시스템이 약화될 것이다. 대서양을 넘어가는 바람 패턴도 바뀔 것이다. 이 변화가 아마존의 기후에 영향을 미칠 것이다. 지금의 사하라 사막의 먼지가 아마존으로 이동하고 있다.

내 입자는 생태계에 영양소를 공급하고 있다. 하지만 중요한 것은 인산염이다. 식물이 성장하는 데 아주 중요한 무기 영양소인데, 아마존이 사용하는 인산염이 주로 사하라 사막에서 날아가고 있다. 기후가 바뀌어서 사하라 사막에서 날아가는 먼지가 줄어들면 영양소 공급이 줄어들 것이고, 그렇게 되면 아마존의 생태계의 큰 영향을 미칠 수 있다.

하지만 기후는 복잡한 메커니즘을 따른다. 1만 년 뒤에 가봐야 알 것이다. 인간에게 미안하지만 사막은 사막대로 밀림은 밀림대로 가만히 있는 것이 안정적이다.

오아시스는
어떻게 생기는 걸까?

바람에 실려 떠다니고 태양에 그을리고 때론 밤의 냉기에 몸을 움츠리며 이 땅을 지켜

수천 년 전 사하라는 강이 흐르고, 호수가 출렁이며, 동물들의 휴식처로 생명을 유지했을것이다

본다. 나는 지금 사하라라는 이름으로 불리는 거대한 사막의 작은 알갱이지만 내 안에는 물의 기억이 있다. 나는 물을 잃은 땅이지만 여전히 그 물을 기억하는 존재다.

　사람들은 종종 묻는다. 어떻게 이 거대한 사막 한가운데 도시가 있을 수 있는가? 어떻게 1년에 고작 1센티미터 아니 10밀리미터밖에 비가 오지 않는 이곳에서 수영장이 생기고 농장이 유지되며 사람들이 살아가는가? 그들에게는 미스터리다. 하지만 나는 알고 있다. 그 물은 하늘에서 오는 것이 아니라 땅 아래에서 오는 것이다. 오아시스는 비가 만든 것이 아니다. 오아시스는 내 뿌리 깊숙한 곳에서 솟아나는 아주 오래된 시간의 선물이다.

나는 그 물을 보았다. 아니 나는 그 물과 함께 있었던 적이 있다. 지금으로부터 수천 년 전 사하라는 지금과는 전혀 다른 모습이었다. 빗줄기는 빈번하게 이 땅을 적셨고 강은 흐르고 호수는 출렁였다. 식물들은 내 몸 위에 뿌리를 내렸고 동물들은 그늘 아래서 숨을 골랐다. 나는 그 땅의 피부였다. 부드럽고 따뜻한 생명의 바닥.

그 시절에 내 아래로 스며든 빗물들이 있었다. 그것들은 천천히 아주 천천히 나를 지나 지하 깊숙한 곳으로 내려갔다. 그 물은 무수한 세월 동안 암석층 아래에 갇혔다. 그곳은 불투수층, 물이 더는 내려가지 못하는 단단한 벽이었다. 물은 그 위에 고요하게 머물렀다. 수천 수만 년 동안.

그 층을 대수층이라 부른다. 그곳에 물은 묵묵히 아무 소리도 내지 않고 축적되었다. 그리고 시간이 흘러 지형이 변하고 땅이 틀어지며 그 물은 어느 날 위로 솟아오르게 되었다. 그것이 바로 오아시스다. 낮은 지대, 굽이진 지형 틈새 그리고 모래 틈 어딘가에서 솟아오른 그 물은 사막의 심장처럼 조용히 고동치기 시작했다.

사람들은 그 물을 발견하고 기뻐했다. 그곳에 정착했고 도시를 세웠고 문명을 이루었다. 오아시스는 생존의 기적이었고 나는 그 기적의 피부였다. 사람들은 내 몸 위에 천막을 치고 야자수를 심고 우물을 파냈다. 그들은 오아시스를 마치 살아 있는 신처럼 섬겼다. 하지만 그들이 모르는 것이 있었다. 그 물은 하늘에서 새로 내려온 것이 아니라는 것. 그것은 과거의 비이자 잊힌 계절의 기억 화석처럼 박힌 습기

중국 간쑤성 둔황시에서 남쪽에 위치한 오아시스 '웨야취안'

의 유산이었다.

그래서 우리는 그것을 화석수 fossil water 라 부른다. 생명이 아닌 기억이 된 물. 그들은 지금도 그 물을 퍼올린다. 사용하고 또 사용한다. 하지만 나는 알고 있다. 그 물은 무한하지 않다. 그건 다시 채워질 수 있는 우물이 아니다. 지금의 사하라는 너무 메말랐고 지금의 하늘은 너무 고요하다. 그 물은 고대의 선물이며 우리가 다시는 받을 수 없는 것이다.

나는 그것이 슬프다. 내가 기억하는 사하라는 비를 맞고 꽃을 피우던 땅이었다. 그리고 그 물은 그 시절을 기억하고 있다. 그것이 솟아오를 때 나는 숨을 들이쉰다. 나는 잠시나마 그 시절의 내음을 다시 느낄 수 있기 때문이다. 하지만 나는 두렵기도 하다. 사람들이 그 물을 모두 써버린다면 다시는 그런 시간이 돌아오지 않을지도 모르기 때문이다.

지금의 나는 메마른 바람과 침묵 속에 머문다. 하지만 땅 밑 어딘가에서 아직도 고요히 숨 쉬고 있을 그 물의 소리에 늘 귀를 기울인다. 나는 기다린다. 언젠가 누군가 이 고대의 선물 앞에서 경외심을 느끼고 지혜롭게 쓰기를. 그들이 오아시스를 신화가 아닌 순환의 일부로 받아들이기를.

바람이 계속 불어도
사막이 그대로 있는 이유

끝없이 펼쳐진 사하라의 피부 위에서 나는 늘 바람을 탄다. 바람이 나를 부르고 나는 방향도 거리도 모른 채 이리저리 떠다닌다. 하지만 떠도는 내게도 규칙이 있다. 이곳의 바람은 일정하다. 늘 한 방향으로 분다. 바람은 무의미한 듯 일관되고 그 일관된 리듬은 내 삶을 지배한다.

내가 떠다니다 멈추는 곳은 정해져 있다. 때로는 갑작스레 솟아오른 산맥이 내 앞길을 가로막고 때로는 오래된 나무가 내 움직임을 차단한다. 그런 곳에서는 나와 같은 모래들이 모여들기 시작한다. 바람이 우리를 몰고 와 모래 언덕, 사구를 만들면 그 바람은 다시 그 언덕에 가로막히고 만다. 그렇게 우리는 자신들의 벽을 스스로 만들어 간다.

처음에는 알갱이 몇 개뿐이었지만 곧 수백 수천의 우리들이 그 뒤를 따랐다. 바람은 더 이상 강하게 밀어붙이지 못하고 우리는 거기에 쌓인다. 그렇게 언덕이 되며 능선이 되고 때로는 거대한 산처럼 보이는 사구가 된다. 우리가 멈춘 그곳은 시간이 멈춘 듯 고요해지고 새로운 지형이 된다.

그러나 우리 모두가 멈추는 건 아니다. 내 주변을 스치는 다른 모래 입자들은 저마다 속도가 다르다. 작은 모래들은 바람에 쉽게 날아간다. 가볍고 부드러우며 멀리까지 떠밀려간다. 그들은 언덕을 넘고 협곡을 지나 다른 세상의 지형 위로 올라간다. 하지만 나 같은 큰 입자는 오래 가지 못한다. 나는 조금 날았다가 언덕의 아래쪽 바람이 잦아든 그늘 속에 내려앉는다.

그렇기에 우리는 다르게 쌓인다. 무작위처럼 보이지만 그 안에는 질서가 있다. 무거운 자는 가까이 머물고 가벼운 자는 멀리 날아간다. 바람은 경계선을 만든다. 그리고 그 경계가 사막을 정의한다.

사막은 강수량이 극도로 적다. 하늘은 열기를 품은 채 응답하지 않는다. 비는 오지 않고 강은 흐르지 않는다. 그래서 우리는 오래 남는다. 물이 있는 곳은 변한다. 강물이 지나가면 땅은 깎이고 새롭게 생긴다. 삼각주의 항공사진을 보면 알 수 있다. 매일매일 형태가 바뀐다. 하지만 우리는 다르다. 물이 없기에 변하지 않는다. 그 정적 속에 우리는 기억을 쌓는다. 그렇다고 우리가 고요하기만 한 건 아니다. 우리는 느리지만 움직이고 있다. 흔히들 말한다.

사헬 이남 사바나의 생태지역으로
과거 이곳은 사람들이 농사를 짓고 가축을 기르던 곳이었다

"사막이 이동한다."

사실 정확히 말하자면 우리가 이동하는 것이 아니라 새로운 사막이 생겨나는 것이다. 우리는 서서히 확장된다. 내 먼 사촌들은 지금도 사헬이라는 지역을 향해 내려가고 있다. 그곳은 한때 사람들이 농사를 짓고 가축을 기르던 곳이었다. 푸르렀던 그 땅은 이제 점점 메말라가고 있다. 나 같은 모래들이 점점 그 땅을 덮어가고 있다.

이러한 현상은 나로서는 익숙한 일이지만 그들에게는 위기다. 그들은 매해 땅을 잃는다. 들판은 모래로 바뀌고 샘물은 말라간다. 바람이 우리의 속삭임을 그들의 귀에 불어넣는다. 이곳에도 사막이 온다고.

나는 내 움직임이 위협이 될 줄 몰랐다. 나는 단지 바람을 타고 흘렀을 뿐이다. 하지만 인간에게 나는 경계선이다. 초록과 황색의 경계, 생명과 침묵의 경계. 나는 그들의 과거를 덮고 미래를 예고한다.

나는 한 장소에 머무르지 않는다. 사막은 살아있다. 사막은 변화한다. 언뜻 멈춘 듯 보여도 우리 모래들은 각자의 속도로 숨 쉬며 나아간다. 우리가 쌓이면 땅이 되고 땅이 되면 문명이 생기고 문명이 생기면 다시 사라진다. 나는 그것을 수없이 반복해왔다. 나는 파괴가 아니라 전환이다.

점점 사막화되고 있는 지구

사막의 숨결을 품은 바람의 기억을 따라 흩날리는 작은 입자. 한때는 바람만이 나를 움직이던 시절이 있었다. 해가 지고 별이 뜨고 바람이 불면 나는 그 흐름에 몸을 맡겼다. 하지만 요즘은 바람만이 나를 데려가지 않는다. 인간이 나를 움직이기 시작했다. 내 세계에 인간이 발을 들였다.

처음엔 그저 관찰하는 듯 보였다. 위성과 드론으로 지도 위에 선을 그으며 내 움직임을 기록했다. 그러다 어느 날부터 그들은 결심한 듯 나에게 다가왔다. 나를 막고 확장을 저지하겠다고. 그리고 나무를 심기 시작했다.

사막화로 인해 건조하고 갈라진 땅의 모습

중국의 북쪽 경계 사막의 끝자락에 그들은 '녹색 장벽'이라 불리는 초록의 띠를 만들고 있었다. 나와 같은 모래의 바다 앞에 그들은 하나둘씩 나무를 심었다. 처음에는 비웃음도 많았다.

"이 뜨거운 땅에 나무가 살 수 있겠느냐?"

실제로 많은 나무가 죽었다. 물은 부족했고 햇빛은 매서웠으며 바람은 너무도 거셌다.

하지만 그들은 물러서지 않았다. 그들은 단지 나무를 심는 데서 그치지 않았다. 땅을 팠고 고랑을 만들었으며 바람이 덜 미치는 곳을 찾아 씨앗을 심었다. 그 고랑 아래서 식물들은 조용히 싹을 틔우기 시작했다. 뿌리는 땅을 붙들고 나뭇잎은 공기를 흔들며 초록은 점점 퍼져갔다. 나와 내 형제들은 그들의 발밑에서 점점 자리를 잃어갔다.

그 변화는 고비 사막 Gobi Desert 에서도 일어났다. 한국 사람들도 와서 나무를 심었다. 그들이 도착했을 때 우리는 웃었다.

"바람이 불면 다 날아갈 텐데 무엇하러 여기까지 왔는가?"

그러나 해마다 봄이 오고 나무가 한 뼘씩 자라며 우리는 깨달았다. 그들의 인내는 우리보다 끈질겼다.

그리고 어느 날 바람은 전보다 덜 불었다. 하늘을 가리던 황사의 양은 줄었고 해마다 봄이면 찾아오던 누런 먼지구름이 조금씩 옅어졌다. 우리는 느꼈다. 인간이 정말로 사막을 멈추고 있다는 것을.

나는 그것이 슬프지만 이해하려 한다. 사막이 늘어나는 것이 인간에게는 위협이라는 것을. 삶의 터전이 사라지고 농사가 불가능해지며 마실 물조차 없는 곳으로 변해간다는 것을. 나는 그들의 두려움을 이해한다.

하지만 나는 말하고 싶다. 사막화는 단지 나 같은 모래가 퍼지는 것만이 아니다. 비옥했던 땅이 더 이상 농사를 짓지 못하고 생명이 떠나가는 모든 과정이 사막화다. 땅이 생명을 품지 못하면 그곳은 이미 사막이라는 것이다.

그 원인은 다양하다. 기후변화는 가장 큰 원인 중 하나다. 지구는 예전보다 뜨거워졌고 비는 더 자주 오지 않는다. 강수량의 패턴은 흐트러지고 건조했던 지역은 더 메마르게 되었다. 특히 사헬 지역 사하라의 남쪽 경계에서 사막은 빠르게 확장되고 있다. 그곳은 예전엔 농부들의 땅이었다. 지금은 나와 같은 모래들이 그 땅을 점령해가고 있다.

그 외에도 인간 스스로 초래한 문제들이 있다. 과도한 농업으로 땅이 쉴 틈 없이 갈아엎어지고 지력이 소진된다. 방목으로 염소들이 초목을 모조리 뜯어먹고 남은 뿌리마저 없어진다. 나무가 없어진 땅은 쉽게 무너지고 바람에 휩쓸려 나 같은 모래가 그 위를 덮는다. 그렇게 또 다른 사막이 태어난다.

지구에서 사막이
사라지면 벌어지는 일

누구는 나를 죽은 땅이라 부른다. 메마르고 불모의 땅이라 했다. 나를 지나칠 때면 숨을 막듯 눈을 가리고 땅을 파헤쳐 물을 찾으려 한다. 나는 거기에서 늘 조용히 있었다. 말이 없다고 해서 역할이 없는 것은 아니다. 나는 사막으로 지구의 균형을 지키는 오래된 무게추다.

사람들은 사막이 없어지면 좋겠다고 생각한다. 눈부신 밀림이 그 자리를 대신하고 꽃이 피고 나무가 자라며 산소가 넘쳐나는 세상을 상상한다. 그러나 나는 알고 있다. 모든 것은 조화로 이어져 있다. 사막이 사라지면 그 균형도 함께 무너진다.

나는 지구 육지의 25퍼센트를 차지하고 있다. 나를 덮는 태양은 뜨겁고 땅은 단단히 말라붙었지만 나는 내 방식으로 지구를 지탱해왔다. 3억 년 전 석탄기의 지구는 지금과 달랐다. 그때는 사막이 없었다. 온통 밀림이었다. 이산화탄소는 지금보다 열 배 많았고 산소는 35퍼센트에 달했다. 지구는 끊임없이 숨을 들이켰고 숨을 내뱉었다. 그 시절의 공기는 너무 진했고 산소는 넘쳐났다.

그러나 지금의 인간은 그 환경에 적응하지 못한다. 산소가 너무 많으면 물질대사가 과하게 일어나고 체온이 높아지고 병이 생긴다. 인간은 지금의 21퍼센트 산소 농도에서 가장 안정적인 삶을 산다. 내가 없는 세상. 사막이 사라진 세상은 인간에게 축복이 아니라 짐이 될 수 있다.

사막이 사라지면 대신 밀림이 그 자리를 채울 것이다. 그리고 그 밀림은 엄청난 양의 이산화탄소를 흡수해버릴 것이다. 지구의 이산화탄소 농도는 급격히 떨어지고 지구는 다시 냉각기에 접어들지도 모른다. 나는 추위를 기억한다. 빙하가 밀고 내려오던 그날의 고요함과 대지를 뒤덮던 얼음의 무게를. 그건 생명을 얼려 버리는 침묵이었다.

나는 뜨겁다. 그래서 나는 움직인다. 열기 속에서 공기가 치솟고 그 빈자리를 채우기 위해 찬 공기가 내려온다. 대기의 순환은 내 뜨거운 숨결에서 시작된다. 해들리 순환 Hadley Circulation 지구 기후의 큰 흐름 중 하나가 내가 존재함으로써 가능해진다. 나는 무겁지만 공기는 나를 통해 흐르고 생명은 그 흐름 위에서 자란다.

사막이 사라진 자리를 밀림이 채우고, 지구의 이산화탄소 농도가 급격히 떨어지면 모든 생명을 얼려 버리는 빙하기가 찾아올수있다

나는 철분과 인산염을 품고 있다. 바람이 나를 날려 버리면 먼지가 되어 날아간다. 그리고 대서양을 건너 아마존에 닿는다. 그 먼지 속에 실린 영양분이 아마존의 나무를 키운다. 식물성 플랑크톤은 내 먼지를 먹고 바다에서 산소를 만들어낸다. 그 산소가 지구 산소의 절반이다. 내가 없다면 그 생명들도 흔들릴 것이다.

내 품에는 생명들이 살아간다. 13억 명의 사람들이 사막에서 살고 있다. 나는 그들의 땅이고 고향이며 일터다. 또한 지하의 보고다. 석유의 75퍼센트가 내 뱃속에서 나온다. 구리의 절반 이상이 내 품속에 있다. 태양광 발전의 거대한 패널들이 내 등에 깔리며 새로운 시대의 에너지를 만들어낸다. 나는 과거의 기억이자 미래의 가능성이다.

어쩌면 인간의 과도한 탐욕이 불러일으키는 각종 개발은
오히려 모든 생명의 삶을 망가뜨릴지도 모른다

사막이 사라지면 이 모든 것도 함께 사라진다. 사막을 무작정 없애는 것은 내 삶뿐 아니라 인간의 삶까지도 뒤흔드는 일이다. 나는 나름의 역할을 다하고 있다. 움직이지 않지만 지구의 숨결을 조절한다.

이해한다. 인간의 입장에서 사막화는 두려운 일이다. 비옥했던 땅이 쩍쩍 갈라지고 생명이 떠나는 풍경은 누구에게나 고통일 것이다. 하지만 그것은 내 탓만이 아니다. 그것은 인간의 탐욕과 무지가 만든 그림자이기도 하다. 무분별한 방목과 과도한 농사, 끝없는 개발이 땅을 쉴 틈 없이 괴롭혔고 결국 그 땅이 나를 불러들인 것이다.

나는 원래 그곳에 있던 것이 아니다. 나는 초대받은 손님이 아니었다. 하지만 불러들여졌고 내 방식대로 존재할 뿐이다. 내 존재를 탓

할 것이 아니라 나를 불러들인 그 손길을 돌아보아야 하지 않겠는가.

나는 변화를 두려워하지 않는다. 나는 이미 수천만 년을 버텨왔다. 그리고 앞으로도 그럴 것이다. 지구 자전축이 천천히 흔들림에 따라 기후는 바뀌고 대지는 변할 것이다. 언젠가 나도 사라질 수 있다. 하지만 그 변화는 자연의 속도여야 한다. 인간의 속도는 너무 빠르다. 그 속도는 파괴를 낳는다.

나는 침묵 속에 지구의 균형을 붙들고 있는 존재다. 나를 미워하지도 없애려 하지도 말아라. 나는 사라져야 할 존재가 아니라 조화롭게 함께 살아가야 할 하나의 세계다.

10

나의 아름다움은 전 세계의 재앙이 되다:
무당개구리

    나는 작은 연못에 사는 평범한 개구리였다. 우리는 언제나 연못과 논밭 근처에서만 조용히 살아왔다. 그러나 어느 날부터 우리는 먼 길을 떠나야 했다. 인간들의 교역선과 화물 컨테이너 속에 숨어 세계 곳곳으로 이동하게 된 것이다. 처음 도착한 낯선 땅은 우리가 살던 곳과 달랐다. 날씨는 더웠고 습도는 높았다. 하지만 우리는 빠르게 적응했다. 먹을 것도 많았고 천적은 거의 없었다. 그렇게 우리는 조금씩 세력을 넓혀갔다. 처음에는 현지 생물들도 우리를 낯설게 바라보았지만 우리는 강인한 생존력과 빠른 번식력을 통해 그곳의 생태계를 점령했다. 나는 한국의 무당개구리다.

전 세계를 초토화시킨 무당개구리

나는 작고 조용한 연못에서 태어난 한국의 무당개구리다. 내 등은 올리브색과 갈색이 어우러진 녹색의 다양한 무늬로 장식되어 있고 배는 검은색 바탕에 붉은색 반점이 불규칙하게 퍼져 있다. 나와 내 친구들은 한국의 강원도, 충청도, 경기도 주변의 습지와 논밭에서 살아왔다. 우리의 독특한 무늬와 배의 밝은 색깔은 이국적인 아름다움으로 서양인들을 매료시켰다.

처음에는 그저 한국의 연못과 숲에서 조용히 지냈다. 하지만 어느 날부터 인간들이 우리를 잡아가기 시작했다. 1970년대부터 우리는 서양으로 수출되었다. 교육과 관상을 위해 인간들은 우리를 사고 팔았다. 우리에게 어떤 운명이 기다리고 있을지 아무도 알지 못한 채 긴 여정을 떠나게 되었다.

나는 차갑고 어두운 컨테이너 속에서의 긴 항해를 기억한다. 서양의 낯선 도시 수족관과 가정집에서 우리를 기다리고 있던 화려한 불빛과 시선들. 그곳에서 우리는 신기하고 아름다운 생명체로 여겨졌다. 그들이 우리의 아름다움에 감탄할 때마다 우리에게 붙은 곰팡이는 조용히 번져갔다. 우리와 함께 붙어 있던 작은 포자들은 우리가 이동한 모든 장소로 퍼져 나갔다. 당시에는 우리조차 그것이 어떤 결과를 가져올지 전혀 알지 못했다.

오랜 시간이 지나고 먼 곳에서 끔찍한 소식들이 들려오기 시작했

무당개구리는 독특하고 아름다운 외모와는 달리
생태계를 초토화시킬수있는 파괴적인 존재이다

다. 파나마의 황금개구리가 멸종했고 호주 퀸즐랜드의 남부위부화개구리 역시 사라졌다. 뾰족코급류개구리마저 개체수가 급감하며 멸종위기에 처했다. 인간들은 그 이유를 알지 못해 혼란스러워했다.

한동안 원인을 찾지 못하던 인간들은 마침내 항아리곰팡이 Batrachochytrium dendrobatidis, Bd 라고 불리는 곰팡이를 발견했다. 이 곰팡이는 개구리의 피부에서 자라나 피부의 케라틴을 파괴하며 치명적인 피부병을 일으켰다. 인간에게는 단지 무좀 정도의 불편한 질환이었지만 피부로 물과 산소를 흡수해야만 하는 개구리에게는 치명적이었다. 피부가 망가지면 탈수와 심부전이 와 결국 질식하여 죽게 되는 것이다.

그러던 중 2018년 5월 전 세계에 큰 충격을 준 소식이 발표되었

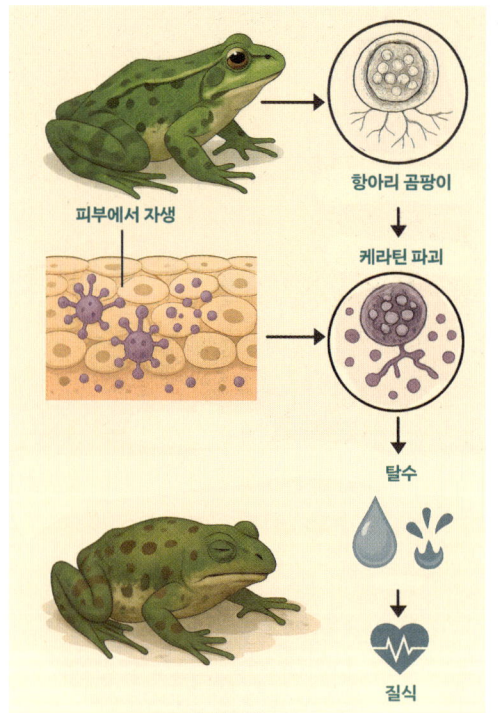

항아리 곰팡이가
개구리 피부를 감염시키는 과정

다. 항아리 곰팡이균이 전 세계적으로 퍼진 원인이 바로 우리 한국의 무당개구리 때문이라는 것이었다. 우리의 피부에 있던 작은 곰팡이 포자가 서양으로 옮겨가면서 전 세계 개구리의 재앙이 되었다는 사실은 우리에게도 너무나 큰 충격이었다.

사실 우리는 한국에서 별로 환영받지 못했다. 인간들은 청개구리와 같은 초록색의 밝고 귀여운 개구리를 선호했다. 우리의 검고 붉은 배 색깔과 복잡한 무늬는 오히려 한국인들에겐 불길한 느낌을 주었고 그래서인지 우리는 무당이라는 이름으로 불리며 외면당했다. 하지만 서양 인간들에게 우리는 아름답고 매력적인 존재였다. 그들은 고유의 무늬와 위로 튀어나온 큰 눈을 보고 독특하고 귀여운 생명체라고 생각했다.

우리의 몸집은 매우 작다. 다 자라도 겨우 4~6센티미터 정도다. 하지만 우리의 존재는 세계를 뒤흔들 정도로 강력했다. 작은 몸 안에 숨겨진 곰팡이가 그렇게 큰 영향을 미칠 줄 누가 알았겠는가?

처음에는 우리도 이 상황을 이해하지 못했다. 우리가 아무것도 모르는 채 세계로 나아갔고 그 결과 많은 다른 개구리들이 고통받게 되었다는 사실이 믿기지 않았다. 나는 가끔 어두운 밤 연못에 앉아 이 모든 일들을 떠올리며 깊은 죄책감을 느낀다.

이제 우리는 전 세계에 널리 퍼져 있다. 러시아의 극동지방 중국의 북동부까지 우리 종족은 살아가고 있다. 인간들이 우리를 퍼뜨렸지만 이제는 우리가 적응하며 살아가는 곳이 우리의 터전이 되었다.

나는 우리의 운명에 대해 깊이 생각한다. 인간의 부주의가 얼마나 심각한 결과를 가져올 수 있는지 우리의 존재가 그것을 증명했다. 하지만 우리의 생존력과 적응력 또한 뛰어났다. 우리는 세계의 여러 환경에서 살아남으며 우리의 자리를 만들어 갔다.

결국 우리는 어떤 의미에서 생태계의 변화를 일으키는 존재가 되었다. 좋든 나쁘든 우리의 존재가 세계를 변화시켰다. 이 작은 몸에 거대한 책임을 지게 된 나와 내 동족들은 앞으로도 세계 속에 어울리며 살아갈 것이고 그 과정에서 생태계의 균형을 유지하기 위해 인간과 자연이 더욱 세심하게 서로를 돌보아야 한다는 사실을 잊지 말아야 할 것이다.

생태계 교란종이
억울한 이유

처음부터 여기에 살 생각은 없었다. 인간들이 우리를 데리고 왔기 때문에 어쩔 수 없이 낯선 한국에 오게 된 나는 황소개구리다. 꽤 큰 몸집을 가진 개구리로 처음 한국 땅에 발을 디뎠을 때 이곳의 작고 연약한 토종 개구리들은 우리를 보고 깜짝 놀랐다. 그들에게 우리는 너무나 크고 낯선 존재였다.

1970년대 인간들은 식용 목적으로 우리를 한국으로 데려왔다. 우리의 커다란 몸집과 두툼한 다리를 보며 인간들은 우리를 맛있는 음식으로 만들 생각을 했다. 그러나 예상과 달리 한국 인간들은 개구리를 먹는 습관이 없었다. 인간들의 계획은 실패했고 결국 우리는 방치되었다. 인간들은 우리를 어떻게 처리할지 몰라 결국 "너희가 알아서 살아라" 하며 우리를 자연 속으로 풀어놓았다.

이후 우리는 새로운 환경에서 빠르게 적응했다. 황소개구리는 생존력과 적응력이 뛰어나다. 아무리 더러운 물에서도 살아갈 수 있었고 무엇이든 가리지 않고 잡아먹을 수 있었다. 심지어 작은 뱀까지도 우리의 먹이가 되었다. 이런 특성 덕분에 우리는 한국 생태계를 빠르게 점령하기 시작했다.

하지만 이러한 적응력과 생존력이 오히려 문제였다. 우리는 한국의 자연환경을 완전히 교란시켰다. 우리의 크기와 포식성은 한국의 토종 생물들에게 큰 위협이 되었고 우리 때문에 토종 개구리와 어류, 작은 양서류들이 줄어들었다. 한국 인간들은 우리를 '생태계 교란종'이라 부르며 비난하기 시작했다. 나는 억울했다. 우리는 스스로 이곳에 온 것이 아니라 인간들이 데려왔을 뿐이었다.

그런데 최근 들어 우리의 개체수가 크게 줄어들기 시작했다. 경기도, 충청도, 심지어 북부 지역까지 우리 황소개구리들의 수가 급격히 줄어들었다. 처음에는 그 이유를 몰랐지만 곧 그 원인을 알게 되었다. 한국의 토종 포식자들이 우리에게 적응했기 때문이었다.

처음에는 한국의 새들이나 황새들이 우리를 보고 당황했다. 그들에게 우리는 너무 크고 위협적인 존재였다. 하지만 시간이 흐르며 이 새들도 우리를 먹이로 인식하기 시작했다. 우리가 크고 배부른 먹이라는 것을 깨닫자 그들은 우리를 사냥하기 시작했다. 그렇게 우리는 점점 사냥감이 되었다.

뿐만 아니라 인간들도 우리를 퇴치하기 위해 적극적으로 나섰다. 생태계를 보호하기 위해 많은 노력을 기울인 결과 우리의 개체수는 지속적으로 감소했다.

처음 한국에 왔을 때의 환경과 지금의 환경은 많이 다르다. 처음 우리가 들어왔을 때는 포식자도 경쟁자도 없었지만 이제는 상황이 많

빠르게 생태계를 접수했던 황소개구리는 차츰 이들을 노리는 천적들로 인해 개체수가 줄어들기 시작했다

이 변했다. 토종 생물들이 우리에게 적응했고 인간들의 퇴치 정책으로 서식지 또한 많이 축소되었다. 이제 우리는 예전처럼 쉽사리 살아갈 수 없다.

나는 연못가에 앉아 이 모든 상황을 되돌아본다. 인간들은 우리를 한국으로 데려왔지만 우리는 이 땅에서 적응했고 번성했으며 그 과정에서 많은 생명들을 위협했다. 우리가 이런 교란종으로 낙인 찍힌 이유는 바로 인간의 부주의 때문이었다.

사실 우리가 원래 살던 곳에서는 당당한 생태계의 일원이었다. 우리가 생태계를 교란시키려던 의도는 없었다. 많은 외래종들은 인간의 교역과 무역으로 전 세계 곳곳으로 퍼지게 된다. 인간들이 사용하는 배의 평형수에도 생물들이 섞여 이동하고 농작물과 화물을 운반할 때도 수많은 외래 생물들이 함께 이동한다. 심지어 자연재해로 인해 생물들이 새로운 환경으로 이동하는 경우도 있다.

그러나 외래종이 생태계 교란종이 되려면 단순히 이동만 해서는 안 된다. 가장 중요한 것은 그들이 번식하고 그곳에서 살아남는 생존력과 적응력이다. 우리는 그런 능력을 충분히 갖추고 있었다. 이제 나는 줄어든 우리 개체군을 보며 한숨을 내쉰다. 인간들은 우리를 비난하지만 우리는 단지 살아남기 위해 최선을 다했을 뿐이다. 우리는 처음부터 여기 있을 생각은 없었지만 이제 이곳이 우리 삶의 터전이 되었다.

인간들이나 우리 황소개구리나 결국 이 환경에서 살아가야 하는 존재들이다. 생태계의 균형을 맞추기 위해서는 서로를 이해하고 공존할 수 있는 방법을 찾아야 한다. 나는 작은 연못 가장자리에서 조용히 하늘을 바라보며 생각한다. 앞으로 우리는 어떤 운명을 맞이할지 그리고 인간들은 이 모든 상황에서 어떤 교훈을 얻었을지 말이다. 결국 모든 생명이 조화롭게 살아가기 위해서는 서로에 대한 이해와 배려가 가장 중요하다는 것을.

기막힌 생존전략을 세운 개구리

인간들은 종종 우리가 겨울을 어떻게 견뎌내는지 궁금해한다. 사실 겨울은 우리에게

개구리의 '동결 내성'은 추운 겨울을 버티고 살아남을수있게 해준다

도 쉽지 않은 시간이다. 몸이 얼어 버리기 때문이다. 그렇다고 내가 죽는 것은 아니다. 나는 겨울잠을 자면서 동결 내성이라는 특별한 능력으로 극한의 추위를 견딘다.

동결 내성은 간단히 말하면 추운 환경에서 내 몸속 수분이 얼어붙어도 살아남을 수 있는 특별한 능력이다. 추운 겨울이 다가오면 몸 안에 있던 수분은 천천히 얼기 시작한다. 하지만 중요한 기관들인 심장이나 뇌와 같은 핵심 장기들은 결코 얼지 않는다. 이것이 가능한 이유는 항 동결 단백질이라는 특별한 단백질 덕분이다.

항 동결 단백질은 세포가 얼음 결정으로 손상되지 않도록 보호하는 역할을 한다. 얼음 결정이 세포 안으로 침투하여 파괴하지 못하도록 이 단백질이 막아준다. 또한 포도당도 중요한 역할을 한다. 포도당은 세포 안에서 얼음 결정이 퍼지는 것을 억제하는 데 도움을 준다. 이처럼 항 동결 단백질과 포도당은 귀중한 자원이지만 내 몸에서 만들어내기 어렵다. 그래서 겨울이 오기 전 충분한 영양을 비축해두어야 한다.

겨울이 되면 내 몸은 거의 정지 상태가 된다. 심장 박동과 호흡은 극도로 느려지고 최소한의 산소만 소비하며 긴 겨울을 견딘다. 북미에 사는 북방표범개구리 모카개구리 는 이런 동결 내성이 극도로 발달했다. 이 녀석은 몸속 수분의 70퍼센트가 얼어붙어도 봄이 오면 아무렇지 않게 다시 살아난다. 이런 능력 덕분에 극한의 추위를 견딜 수 있다.

그러나 겨울만이 개구리에게 어려운 시기는 아니다. 일상적으로 포식자들에게 쫓기는 삶 역시 힘겹다. 나는 이런 위협에서 벗어나기 위해 '긴급 탈피'라는 독특한 전략을 세웠다. 포식자가 나를 붙잡으려 할 때 나는 재빨리 피부를 벗어 던지고 도망친다. 포식자들이 갑자기 벗겨진 피부를 보고 놀라서 당황하는 사이 안전한 곳으로 도망갈 수 있다.

이런 긴급 탈피는 단지 물리적 공격에서만 쓰는 전략이 아니다. 가끔 내 피부에 병원균이나 곰팡이 기생충이 침입했을 때에도 즉시 피부를 벗고 새로운 피부로 갈아입는다. 물론 피부를 벗은 직후에는 감염 위험이 높아지기 때문에 아주 빨리 새로운 피부를 만들어내야 한다. 아프리카에 사는 발톱개구리는 긴급 탈피 능력이 뛰어나다. 이

아프리카에 사는 발톱개구리. 개구리의 생존 전략 중 '탈피'는 포식자로부터 또는 외부의 균과 곰팡이, 기생충으로부터 자신을 보호하는데 탁월하다

개구리는 포식자가 나타나거나 피부에 병원균이 생기면 재빨리 피부를 벗어던지고 새로운 피부로 갈아입어 생존한다.

이런 전략들은 사실 오랜 시간 동안 환경에 적응하며 진화해온 결과다. 개구리들은 생존을 위해 다양한 전략을 개발했다. 그 중 또 하나의 전략이 바로 '베이츠 모방'이다. 이 모방 전략은 독이 없으면서도 독이 있는 다른 생물의 모습을 흉내 내는 것이다. 포식자들은 보통 독이 있는 생물을 공격하지 않는다. 나는 독이 없지만 독이 있는 개구리와 비슷한 무늬와 색깔을 가지고 있어 포식자들이 나를 공격하지 않는다.

콩고자이언트두꺼비는 '베이츠 모방'을 통해 가봉북살무사와 비슷한 생김새를 하고 있어 적의 공격으로부터 자신을 지킨다

　색이 화려하고 무늬가 뚜렷한 개구리들은 대부분 독이 있다고 알려져 있다. 그래서 포식자들은 이들을 공격하지 않고 피한다. 나 같은 독이 없는 개구리들도 독 있는 개구리와 비슷한 모습을 하여 포식자들로부터 보호를 받는다. 이것이 바로 베이츠 모방 전략의 핵심이다.

　콩고자이언트두꺼비 역시 비슷한 전략을 사용한다. 위에서 보면 독사처럼 생긴 모습을 하고 있어서 새들은 이들을 독사로 착각해 공격하지 않는다. 물론 이 두꺼비가 의도적으로 독사의 모습을 흉내 낸 것은 아니지만 우연히 비슷한 모습을 하게 되었고 이 덕분에 생존율이 크게 높아진 것이다.

생존을 위한 전략들은 이렇게 다양하고 독특하다. 나는 차가운 겨울의 동결 내성부터 긴급 탈피와 베이츠 모방에 이르기까지 다양한 방법으로 위험에서 벗어나 살아남는다. 환경과 포식자들의 위협 속에서도 개구리들이 수백만 년 동안 살아남을 수 있었던 것은 바로 이러한 탁월한 전략들 덕분이다.

Part. 3

가장 연약한 동물이
어떻게 지구의 지배자가 되었나

11

불은 뇌를 키웠고, 금은 신뢰를 만들었다:
불과 금

그날 밤 나는 처음으로 두려움 없이 어둠을 바라보았다. 불은 내 앞에서 살아 움직였고 그 주황빛 혀는 내 손과 얼굴을 따뜻하게 핥고 있었다. 나무를 부러뜨려 만든 작은 불씨가 마치 신의 숨결처럼 바닥 위에서 몸을 뒤척일 때 나는 알았다. 이제는 더이상 짐승이 우리를 쫓지 않을 것이라는 것을.

불은
어떤 물질일까?

나는 어릴 적 교과서에서 '세상은 네 가지 원소로 이루어져 있다'는 말을 배웠다. 물, 불, 공기, 흙, 아리스토텔레스가 남긴 고대의 세계관으로 당시에는 당연하고 단순하게 느껴졌다. 물은 흐르고 공기는 숨 쉬고 흙은 밟히며 불은 타올랐다. 하지만 시간이 흘러 내가 더 많은 것을 배우고 이해하게 되면서 이 네 가지 중 하나가 유난히 의문스럽게 다가오기 시작했다. 바로 '불'이었다.

공기는 기체라는 걸 이해할 수 있다. 눈에 보이지 않지만 존재하고 확장되며 압축되고 밀도가 있다. 물은 액체다. 흐르고, 담기고, 증발하고 얼어붙는다. 흙은 고체다. 형태가 있고, 쪼개지고, 부서지고, 가루가 된다. 그런데 불은 뭘까? 나는 오래도록 그 질문에 머물렀다. 불은 도대체 어떤 상태의 물질인가? 누군가는 대답했다.

"플라즈마다."

또 다른 누군가는 말했다.

"불은 기체가 아닌가?"

하지만 내 머릿속에는 어떤 이미지가 그려졌다. 장작 위로 피어오르는 불꽃과 초 위에서 흔들리는 작은 불. 형체는 있으되 실체는 없다. 손을 뻗으면 만질 수 있을 듯하지만 닿는 순간 사라진다. 불은 존재하지만 그건 어떤 물체가 아니었다.

플라즈마라는 개념이 있다. 물질이 네 번째 상태로 존재하는 것으로 고체가 열을 받아 액체가 되고, 액체가 기체가 되고, 기체가 다시

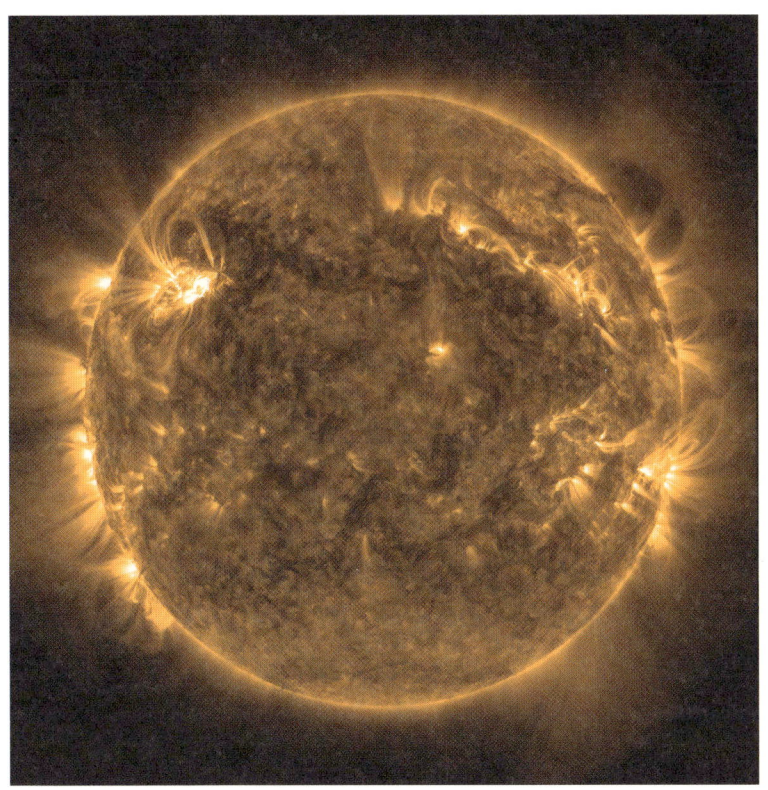

태양의 표면과 대기에서 발견되는 이온화된 기체 상태를 플라즈마라고 부른다.

극도로 가열되면 전자와 양성자가 분리되는 상태가 바로 플라즈마다. 이온화된 기체 전자와 이온이 자유롭게 부딪히는 에너지의 소용돌이. 형광등이나 번개, 태양의 표면은 플라즈마다.

하지만 불이 곧바로 플라즈마는 아니다. 불은 그보다 더 단순하면서도 복잡하다. 물리학적으로 따지자면 불은 일종의 화학 반응이다. 분자들이 결합하고 끊어지며 그 에너지의 일부가 빛과 열의 형태로 방출되는 상태를 말한다. 쉽게 말해 불은 어떤 물질도 아니다. 고체도, 액체도, 기체도 아니다. 불은 '상태'가 아니라 '과정'이며 '에너지'다.

불에는 분자식이 없다. 원자들이 모여 만든 구조가 아니다. 불은 원자로 이루어져 있지 않다. 그래서 불은 잡을 수 없다. 부수거나 얼릴 수도 없다. 그것은 어떤 것이 타오를 때 발생하는 빛, 열 그리고 에너지 그 자체다.

인류가
불을 발견 하게 된 계기

가끔 우리 인류의 시작을 생각한다. 누군가에게 인류는 거대한 도시와 인터넷 인공지능의 이미지일지 모르지만 나에게는 아직 불 앞에 앉은 작은 무리의 형상이다. 피부는 거칠고 얼굴은 바람에 말라붙은 먼지로 얼룩졌지만 땅을 딛고 선 그들의 눈에는 무언가 있었다. 바로 '생각'이라는 불꽃이다.

약 700만 년 전 인간이라는 존재는 처음으로 지구에 모습을 드러냈다. 지금보다 훨씬 뜨거운 세계였다. 그 시절의 기후는 현대보다 더 건조하고 더웠고 정글보다는 탁 트인 사바나가 훨씬 많았다. 그 속에서 오스트랄로피테쿠스가 걷기 시작했다. 그들은 두 발로 일어섰고 손을 자유롭게 사용하기 시작했다. 그러나 그들이 살아간 환경은 인간에게 익숙한 따뜻한 집이 아니었다. 동물의 세계였다. 뜨거운 낮과 차가운 밤 맹수와 먹이의 경계에서 하루하루를 버텨야 했다.

우연히 발견한 불에서부터 인간의 문명이 시작됐다고해도 과언이 아니다

그리고 약 200만 년 전 기후는 서서히 식기 시작했다. 호모 에렉투스의 시대가 열린 것이다. 지금보다도 훨씬 더 추웠던 그 시절 인간은 생존의 기로에 섰다. 단지 손을 사용하는 것으로는 부족했다. 그들에게는 새로운 도구가 필요했다. 바로 불이었다.

불은 처음부터 인간의 손에 있지 않았다. 우연이었을 것이다. 번개가 숲을 때리고 나무가 타오르고 불꽃이 피어오르던 날. 아마 어떤 호기심 많은 조상이 그 불길에 다가가 조심스럽게 손을 내밀었을 것이다. 처음엔 무서웠을 것이다. 하지만 곧 알게 되었다. 불은 따뜻했으며 어둠을 물리쳤고 맹수의 눈을 멀게 만들었으며 무엇보다도 식생활을 바꾸었다.

불을 다룰 수 있게 된 순간 인간은 다른 생명체와 완전히 다른 길

불을 다루기 시작한 인간은 전혀 다른 존재가 된다.

을 걷기 시작했다. 불은 인간을 차가운 밤에서 구해내 해가 진 뒤에도 삶을 지속할 수 있게 해주었다. 우리는 불 옆에서 앉아 이야기했고 조심스럽게 지혜를 전했다. "사냥할 때는 조용해야 해", "빨간 버섯은 함부러 따먹으면 안 돼." 이런 말들이 쌓이고 축적되고 세대를 넘어 전해졌다.

    불은 단지 생존의 도구가 아니라 지식과 문화의 전승 도구가 되었다. 불을 중심으로 둘러앉은 인간 무리는 밤에도 깨어 있었고 깨어 있는 그 시간 동안 생각하고 기억하고 나누었다. 무엇보다 불은 '익힘' 이라는 개념을 가져왔다. 음식을 익혀 먹을 수 있게 되자 인간은 더 이상 몇 시간씩 질긴 고기를 씹지 않아도 되었다. 하루 한두 시간만으로도 필요한 에너지를 얻을 수 있었다. 남은 시간은 자유였다. 그 자유 속에서 인간은 생각을 하고, 무언가를 만들었으며, 꿈꾸기 시작했다.

최초의 인류라고 알려진 오스트랄로피테쿠스는
현생 인류보다 침팬지와 같은 원숭이와 더 가까운 모습을 보인다

 침팬지는 하루 10~12시간을 씹는 데 써야 체온을 유지할 수 있다. 그러나 인간은 불을 사용함으로써 하루 한 시간만 먹어도 충분한 에너지를 얻는다. 나머지 시간은 사냥을 준비하고 도구를 만들고 동료와 교류하고 아이를 돌보는 데 쓸 수 있게 되었다. 여유는 지혜를 낳았고 지혜는 진화를 이끌었다.

 그 결과 인간의 해부학은 바뀌기 시작했다. 오스트랄로피테쿠스와 침팬지는 매우 닮았다. 들어간 이마 돌출된 턱. 하지만 시간이 흐르면서 인간의 이마는 점점 돌출되기 시작했다. 뇌가 커졌기 때문이다. 이마가 솟고 턱은 작아지고 이빨도 줄었다. 불 덕분에 질긴 것을 오래 씹을 필요가 없어졌기 때문이다. 그 에너지와 시간이 뇌로 향했다.

 지금의 인간은 갓난아기일 때 뇌 크기가 약 400밀리리터 정도다. 이는 성체 침팬지와 거의 같다. 그러나 성인이 되면 우리의 뇌는 약

1400밀리리터까지 커진다. 눈에서부터 정수리까지 마치 맥주 500밀리터 잔 세 개를 가득 채운 것과 같은 크기다. 이 큰 뇌는 복잡한 언어를 구사하게 만들었고 도구를 정교하게 만들 수 있게 했으며, 상상하고 계획하며 기억하는 능력을 주었다.

우리는 이제 이 뇌로 문명을 만들고 과학을 발전시키며 스스로를 만물의 영장이라 부른다. 그 찬란한 시작은 불꽃 하나에서 비롯되었다. 단 한 번의 불씨를 잡아 끌어안은 호기심과 용기 그것이 인간을 인간답게 만들었다.

불이 바꿔 놓은
고대 인류의 삶

처음으로 고기를 불에 익혀 먹은 사람의 기분은 어땠을까. 타는 냄새, 지글거리는 소리, 혀끝에 감도는 익은 단백질의 맛. 아마 그건 단순한 식사가 아니라 혁명이었을 것이다. 불을 사용하면서 인류는 단순히 더 오래 살게 된 것이 아니라 전혀 다른 존재로 바뀌기 시작했다.

생고기를 먹던 시절 인간은 침팬지처럼 하루의 절반을 씹는 데 사용했지만 그것만으로는 에너지를 유지하기 벅찼다. 그러나 불은 이 질긴 고기를 단숨에 부드럽게 만들었다. 단백질을 익혀 먹으면 소화도 쉬워지고 에너지 흡수율도 높아진다. 불을 이용한 요리는 곧 '시간'을 우리에게 안겨주었다.

과거 '불의 땅'이라고 불린
남미의 티에라 델 푸에고

　　호모 사피엔스 이전에도 불은 사용되었다. 호모 에렉투스, 네안데르탈인, 데니소바인, 플로레스인 모두 불을 사용했다. 그 시작은 길고 험난했다. 불을 피울 줄 알게 된 것은 불과 50만 년 전의 일이다. 그 전까지는 산불에 의존해야 했다. 번개가 나무를 태운 다음 그 불을 조심스레 가져와 꺼뜨리지 않도록 유지했다. 장작을 주워 모닥불을 지키고 비가 오면 덮어두고 꺼지면 이웃 부족에게 가서 '불'을 빌려왔다.

　　이 과정에서 불은 단순한 에너지가 아니라 자원이 되었다. 때로는 거래되거나 교환되었고 지켜야 할 신성한 존재로 여겨졌다. 불의 땅이라는 남미의 '티에라 델 푸에고 Tierra del Fuego'라는 지명은 그 유산을 말해준다. 19세기까지도 원주민들은 통나무배 위에 불을 피우고 이동했다. 불은 그만큼 귀했다. 생존의 중심이었고 문화의 시작이었다.

하지만 불의 사용만으로 인류는 문명을 만들지 않았다. 구석기 시대에 불은 널리 사용되었지만 인류는 여전히 자연의 일부로 살았다. 그 전환점은 농업이었다. 신석기의 도래는 인간이 불만으로는 부족하다는 것을 깨달았다는 뜻이기도 하다. 불을 이용해 흙을 굽고 씨앗을 뿌리고 자연에 '적응'하는 것이 아니라 자연을 '조작'하기 시작한 것. 그때부터 인간은 환경을 바꾸고 공동체를 이루며 진정한 문명의 서막을 열었다.

지금의 인류는 생물학적으로 30만 년 전 호모 사피엔스와 다르지 않다. 하지만 우리는 훨씬 더 많은 걸 알고 만들어내고 있으며 지구를 지배하고 있다. 그 모든 차이의 시작은 불이다. 불은 우리가 기후를 극복하게 했고 밤을 낮으로 바꾸었으며, 음식을 저장하고 요리하게 했다. 결국 우리를 '인간'으로 만들었다.

나는 불꽃을 보면 가끔 먼 조상을 떠올린다. 불 앞에 앉아 손을 녹이고 먹이를 익히면서 아이에게 조용히 경고하던 모습을.

"이건 먹지 마. 저건 위험해."

그 말들이 모여 문장이 되었고 곧 언어가 되었으며, 언어는 지금의 문화를 가능하게 만들었다.

호주에서 출토된 금괴(미국 필드 자연사 박물관). 금은 희소성과 특유의 영속성, 그리고 빛나는 아름다움으로 인류사에 중요한 가치로 자리했다

금이 특별한 물질인 이유

나는 상인이었다. 수십 년 전 말을 타고 대륙을 건너며 양털을 팔고 도자기를 사들였다. 향신료 한 자루가 목숨보다 귀하게 여겨지던 시절이었다. 그러나 그 모든 교환의 바탕에는 항상 '금'이 있었다. 누구도 다이아몬드를 들고 오지는 않았다. 은은 흔히 오가긴 했지만 진짜 가치를 인정받기 위해선 언제나 금이 필요했다. 왜 금이었을까?

다이아몬드는 분명 보기 드문 보석이었다. 그러나 그것은 너무 드물었다. 게다가 너무 작고 다듬기 어려웠으며 불에 타지도 않고 녹지도 않았다. 금처럼 주물러 무언가를 만들 수 있는 것도 아니었다. 반짝이긴 했지만 그것으로는 사람의 생존을 담보할 수 없었다. 결정적으로 다이아몬드는 양이 너무 적었다. 그래서 어떤 나라에서 큰 광산 하나만 발견해도 시장 전체가 요동칠 수 있었다. 그 자체로는 화폐로써의 신뢰를 지니기 어려웠다.

금은 달랐다. 일단 눈에 잘 띄었고 땅속 깊이 묻혀 있어도 한번 드러나면 그 황금빛은 눈부시게 반짝였다. 또한 녹이 슬지 않았다. 시간이 지나도 변하지 않는다는 것은 금이 가진 최고의 미덕이었다. 썩지도, 변형되지도 않는 금속. 인류는 그 영원성에 매료되었고 그 가치를 믿었다.

게다가 금은 의외로 넉넉했다. 역설적이지만 금이 화폐가 될 수 있었던 이유는 바로 그 점이었다. 너무 적지도 그렇다고 많지도 않았다. 고대 이집트인, 메소포타미아인, 한반도의 고조선 사람들까지도 금을 알고 있었다. 세계 곳곳에서 발견되었고 오랜 세월에 걸쳐 축적되었다. 그 덕분에 누군가 어딘가에서 금광 하나를 발견했다고 해서 갑자기 금의 가치가 폭락하는 일은 없었다.

나는 한번은 서역에서 돌아오다 낯선 여행자와 마주친 적이 있다. 그는 나에게 말했다. "당신들은 왜 금을 그렇게 귀하게 여기는가? 강철이야말로 세상을 바꾸지 않았는가?" 나는 웃었다.

"강철은 전쟁을 바꾸었고 금은 사람의 신뢰를 바꾸었지요."

그 말은 지금도 내 머릿속에 선명하다. 금은 무기보다도 강한 것

서봉총 금관(국립경주박물관).
1926년 경주 서봉총에서 발굴된
금관(金冠)에 붙어 있던 장식으로
삼국시대 고분에서 적지않게 발견됐다

이었다. 왜냐하면 금은 무기를 만들지 못하지만 전쟁의 명분이 될 수 있었기 때문이다. 사랑, 믿음, 계약 모두 금으로 엮여 있었다. 결혼식에서 손가락에 끼우는 고리도 금이었고 나라 간의 협정서도 금을 바탕으로 맺어졌다.

금본위제라는 것은 그래서 자연스러운 일이었다. 나라가 돈을 찍어낼 때 그 뒷배경으로 무엇을 내세울 것인가? 사람들은 말만으로는 믿지 않았다. 인쇄된 지폐는 종이 조각일 뿐이었다. 하지만 금으로 보증된 지폐는 달랐다. 누구든 원하면 그것을 금으로 바꿀 수 있다는 신뢰. 그 신뢰는 금이 가진 물리적 특성 덕분이었다. 변하거나 부식되지 않고 아름답게 빛나며 충분히 존재하는 것.

나는 나이가 들수록 금에 대한 애착보다는 그것을 둘러싼 인간의 마음에 더 관심이 생겼다. 누군가는 금을 쫓다가 폐인이 되었고 누군가는 금을 버리고 마음의 평화를 찾았다. 어떤 이에게 금은 열쇠였고 어떤 이에게는 족쇄였다. 그러나 그 모든 이야기에는 하나의 공통점이 있었다. 금은 단순한 물건이 아니었다. 그것은 약속이자 기억이었고 시대의 상징이었다.

지금은 더 이상 금본위제 시대가 아니다. 돈은 은행의 숫자로 존재하고 사람들은 손에 무언가를 쥐지 않아도 거래를 한다. 그러나 여전히 세계 각국의 중앙은행은 금을 보유하고 있고 위기가 올 때마다 사람들은 다시 금을 찾는다. 그것은 아마도 우리 마음속 깊은 곳에 각인된 기억 때문일 것이다. 불과 금으로 세상을 바꾸었던 첫 번째 혁명의 기억. 그 속에서 인류는 비로소 자신이 가진 것을 교환하고 나누고 믿기 시작했기 때문이다.

사람들은 흔히 금을 귀하다고 말한다. 그 귀함은 어디서 오는 것일까? 단지 반짝이기 때문만은 아니다. 금은 인간이 쓸 수 있는 금속 중에서도 특별한 존재다. 기술이 발달한 지금 금은 단지 부의 상징이나 장신구가 아닌 우리 삶의 깊숙한 곳에서 조용히 작동하고 있다.

전기는 보이지 않지만 우리가 살아가는 데 있어 없어서는 안 된다. 현대인은 전기에 기대어 눈을 뜨고 음식을 데우고 세상과 연결된다. 그런데 그 전기를 효율적으로 전달하려면 어떤 물질이 필요한가? 놀랍게도 전기 전도성이 가장 뛰어난 금속은 '은'이다. 은은 전기를 거의 손실 없이 흘려보낸다. 그다음이 바로 금이다. 그렇다면 왜 우리는 집 안 전선을 은이나 금으로 만들지 않는가?

그건 아주 간단한 이유 때문이다. 너무 비싸서다. 금이나 은으로 만든 전선은 도둑의 표적이 되기 십상이고 한두 번 잘라가면 우리는 곧바로 정전 속에서 살아야 할지도 모른다. 그래서 선택된 것이 구리다. 구리는 은이나 금보다는 전도성이 조금 떨어지지만 훨씬 싸고 풍부하다. 충분히 효율적이면서도 실용적이므로 구리는 지금 우리가 쓰는 전깃줄의 주인공이 되었다.

하지만 역사를 돌아보면 옛날 사람들은 금의 전도성과는 아무 관련 없이 금을 썼다. 그들은 전기를 몰랐고 플러그나 배터리도 없었다. 그런데도 금은 일찍부터 인간의 손에 들려 있었다. 왜 그랬을까? 그 이유는 금의 '태생'에 있다.

대부분의 금속은 산소와 결합해 광물 형태로 존재한다. 그래서 제련을 하고 정련을 해서야 겨우 쓸 수 있다. 하지만 금은 달랐다. 금은 때때로 자연 그대로의 모습으로 즉 순수한 형태로 존재했다. 광산을 파다 보면 산화되지 않은 금덩어리가 나오곤 했다. 그것은 곧바로 손에 쥘 수 있었고 별다른 처리 없이도 쓸 수 있는 금속'이었다. 이것은 고대인들에게 엄청난 메리트였다.

더구나 금은 녹는점이 그리 높지 않다. 잘 녹으며 가공하기 쉽다. 무기로 만들기에는 너무 부드러웠지만 반대로 아름다운 모양으로 빚기에는 제격이었다. 도끼보다는 팔찌, 창보다는 왕관의 모습으로 인류 곁에서 금은 '무기'가 아닌 '권위'로 자리 잡았다.

또 하나 금은 다른 금속들과 다르게 '빛난다'. 그 빛은 눈에 띄었고 사람의 본능을 자극했다. 누군가의 손가락이나 머리 장식에서 햇살 아래 반짝이는 금은 존재 그 자체만으로 사람들의 시선을 끌었다. 그리고 이 화려함은 인간의 권위와 직결되었다. 흔치 않으면서도 아름답고 무겁고 오래가는 것. 왕은 금으로 만든 관을 썼고 제사는 금잔으로 올렸다.

무엇보다 중요한 건 금이 너무 흔하지도 않았다는 점이다. 구리나 철처럼 어디서든 쉽게 구할 수 있는 게 아니었기에 그 희소성이 곧 가치가 되었다. 쓸 수 있고, 만들 수 있고, 오래가고, 눈에 띄고 게다가 흔치도 않은 것. 그렇게 금은 '최적의 상징'이 되었고 그것은 지금도 마찬가지다.

오늘날 우리는 금을 단지 장식용으로만 쓰지 않고 핸드폰의 회로 안에도 사용한다. 아주 얇은 막으로 미세한 라인에. 그것은 단지 부유함의 상징이 아니라 전기적 효율성을 위한 선택이다. 그래서 고물상에서는 오래된 휴대폰을 모으고 그 안의 금을 추출하려 한다. 인간이 만들어낸 기술의 결정체 속에도 결국 '불변의 금'이 쓰이는 것이다.

더불어 금은 기능과 신뢰 그리고 인간의 몸과 가장 조화롭게 어우러지는 금속이었다.

우리가 흔히 사용하는 스마트폰에도 금이 활용된다

인간의 입속은 혹독한 환경이다. 온종일 침으로 젖어 있고 뜨겁고 찬 음식이 오가며 산과 염기 당분과 박테리아가 들락거린다. 그런 까다로운 조건 속에서 어떤 물질이 오래도록 기능을 유지하려면 단단함만으로는 부족하다. 녹슬지 않고 부식되지 않아야 하며 몸과 조화를 이루어야 한다. 그 모든 조건을 만족하는 금속은 생각보다 많지 않은데 금은 그 조건을 태생적으로 갖추고 있다.

금은 반응성이 낮다. 화학적으로 귀금속이라 불리는 물질들은 대부분 그렇지만 금은 그 중에서도 특별하다. 산소와 결합하지 않는다는 것은 금이 공기 중에서는 물론이고 심지어 물속에서도 안정적이라는 뜻이다. 그러니 당연히 입 안에서도 문제를 일으키지 않는다. 하루에도 수십 번씩 씹으며 뜨겁고 찬 것을 넘기고 침에 젖더라도 금은 그대로 있다. 녹슬거나 닳지 않는다.

금은 원자번호 79번의 원소다. 이 말은 금의 원자핵 안에 79개의 양성자가 있다는 뜻이다. 그리고 평균적으로 118개의 중성자를 품고 있다. 이 모든 입자들이 밀도 높게 응집되어 원자핵을 이룬다. 하지만 여기서 중요한 것은 이 구조가 결코 간단하지 않다는 것이다. 이 조합은 우주가 수십억 년에 걸쳐 만들어낸 결과물이며 우리 손에 들려 있는 금의 조각 하나는 말 그대로 별들의 죽음과 재탄생을 통해 만들어진 것이라 해도 과언이 아니다.

가장 가벼운 원자인 수소는 단 하나의 양성자로 이뤄져 있다. 헬륨은 양성자 두 개와 중성자 두 개로 이뤄진다. 별은 이런 수소와 헬륨을 중심으로 자신의 중심에서 끊임없이 핵융합을 일으킨다. 수소가 수소와 부딪쳐 헬륨이 되고 헬륨이 다시 융합되어 더 무거운 원소가 되는 것이다. 이 과정을 통해 탄소, 산소, 규소 같은 원소들이 탄생한다. 그러나 금처럼 무거운 원소는 이러한 평범한 핵융합으로는 만들어질 수 없다.

금은 별의 마지막 숨결인 초신성 폭발이나 중성자별의 충돌처럼 극한의 환경에서만 탄생할 수 있다. 이 세계의 에너지가 한 점에 몰리고 광대한 질량이 붕괴하면서 아주 빠른 속도로 우주로 퍼져나갈 때 그 혼란의 중심에서 아주 드물게 금이 태어난다. 말하자면 지금 내 손에 들린 이 금 반지 하나도 수십억 광년 떨어진 어딘가에서 별이 폭발하면서 생겨난 잔재라는 것이다.

금의 원자 구조를 들여다보면 더욱 경이롭다. 양성자 79개는 전기적 성질이 같아서 본래는 서로 밀어내려 한다. 그럼에도 불구하고 그들은 하나의 덩어리로 뭉쳐 있다. 그것은 오직 '강한 핵력'이라는 자연의 힘이 그들을 강제로 붙들고 있기 때문이다. 이 강한 핵력은 우주의 네 가지 기본 힘 중 하나로 원자핵이 무너지지 않도록 잡아주는 역할을 한다. 우리는 이 힘 덕분에 세상이 구조를 유지하고 있다는 사실을 자주 잊고 지낸다.

그러나 금처럼 무거운 원소는 이 강한 핵력조차 불안정해질 수 있다. 그래서 그 균형을 맞추기 위해 118개의 중성자들이 들어간다. 이들은 전기적 성질을 띠지 않아 서로를 밀어내지도 끌어당기지도 않지만 그 자체로 원자핵을 지탱하는 균형추 역할을 한다. 전기적으로는 아무런 작용을 하지 않지만 존재 자체가 원자핵의 붕괴를 막는다. 그 결과 금은 안정적인 원소가 되고 우리 눈앞에서 변하지 않고 존재할 수 있는 것이다.

우주의 수많은 금은 어디서 왔을까?

나는 밤하늘을 바라보며 이런 생각을 한 적이 있다. 저기 저 반짝이는 별들 중 하나쯤은 금으로 가득 차 있지 않을까? 어른이 되어서 과학을 배우고 천문학자들의 책을 읽으면서 그 생각은 막연한 상상이 아니라 어쩌면 사실일 수도 있다는 것을 알게 되었다.

지구에 금이 있다면 우주에는 얼마나 많을까. 이 단순한 물음은

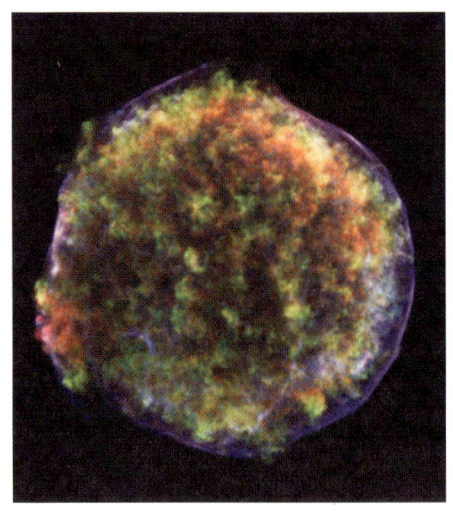

티코의 초신성 잔해의 모습으로 이러한 폭발은 단순한 붕괴가 아닌 우주의 원소를 흩뿌리는 장면이다

물리학자와 천문학자들 심지어 철학자들에게도 깊은 질문이 된다. 우리가 사는 은하계 즉, 우리은하에는 약 1000억 개의 별이 있다. 그 안에 있는 물질의 조합과 분포를 생각해보면 과학자들은 이렇게 추정한다. 우리은하 안에만 해도 지구에 있는 금 전체의 1억 배가 넘는 금이 존재할 가능성이 있다는 것이다.

이 어마어마한 양의 금은 단지 숫자의 게임이 아니다. 그것은 곧 우주 속 물질의 기원과 구조를 밝히는 열쇠이기도 하다. 왜냐하면 금은 결코 쉽게 만들어지는 원소가 아니기 때문이다.

금은 정확히 말하면 별이 폭발할 때 만들어진다. 초신성은 우리가 알고 있는 별들의 장대한 종말이다. 태양보다 수십 배 무거운 별이 연료를 모두 소진하면 안쪽으로 붕괴하게 되고 그 결과 어마어마한 폭발이 일어난다. 이 폭발은 단순한 붕괴가 아니라 우주의 원소를 흩뿌리는 장면이다. 초기 우주에는 수소와 헬륨밖에 없었다. 하지만 시간이 흐르고 별이 탄생하고 죽고 다시 그 파편이 모여 새로운 별이 만들어지는 과정을 반복하면서 철, 니켈, 산소, 탄소 같은 무거운 원소들이 생성되기 시작했다.

그러나 금은 이보다도 훨씬 드문 조건에서 탄생한다. 초신성만으로는 부족했다. 그러다 과학자들은 '중성자별'이라는 개념에 주목하게 되었다. 중성자별은 초신성 폭발 이후 남은 극도로 밀집된 별의 잔해다. 그것은 말 그대로 원자핵이 짓눌린 덩어리로 수 킬로미터의 지름에 태양보다 더 무거운 질량을 담고 있다.

2017년 인류는 하나의 놀라운 사건을 관측했다. 중력파 검출기

레이저 간섭계 중력파 관측소(LIGO)는 우주 중력파를 검출하고 중력파 관측을 천문학적 도구로 개발하기 위해 설계된 대규모 물리학 실험 및 관측소다. 사진은 LIGO 리빙스턴 관측소

LIGO가 중성자별 충돌로 인한 중력파를 처음으로 포착한 것이다. 이 충돌은 수십억 광년 떨어진 곳에서 벌어진 일이었고 우리는 그 여운을 감지했다. 더 놀라운 것은 그 충돌의 여파에서 금의 스펙트럼 신호가 검출되었다는 사실이다. 금은 중성자별이 충돌할 때 어마어마한 압력과 중성자의 밀도가 한순간에 폭발적으로 반응하면서 생성될 수 있는 원소였던 것이다.

그 충격은 전 세계 과학계를 뒤흔들었다. 우리가 알고 있던 금의 기원이 단지 초신성에서 나온 것이 아니라 중성자별 충돌이라는 훨씬 더 드문 사건에서 비롯된 것일 수도 있다는 사실은 그 자체로 우주와 인간 존재의 관계를 다시 생각하게 만들었다.

그렇다면 질문은 여기서 멈추지 않는다. 금이 이렇게 많다면 우주에서는 얼마나 많은 중성자별이 충돌했단 말인가? 그것이 가능하려면 우리가 상상한 것보다 훨씬 많은 초신성이 있었고 그만큼 많은 별들이 죽고 남아야 한다.

금은 분명 우주에 존재하지만 그 생성 메커니즘은 여전히 수수께끼다. 지금까지는 초신성 폭발과 중성자별 충돌이라는 두 가지 시나리오가 존재하지만 그 어느 것도 완벽한 설명은 아니다. 어떤 과학자들은 블랙홀의 형성 과정이나 초기 우주에서의 극한 환경에서도 금이 생성되었을 가능성을 제기한다.

나는 종종 생각한다. 이 반짝이는 금속이 내 손가락 위에 놓이기까지 얼마나 긴 여정을 거쳐야 했는지. 수십억 년 전 수천 광년 너머에서 별이 붕괴했고 그 안에서 형성된 미세한 금 원자가 우주의 먼지 속을 떠돌다 혜성의 꼬리에 실려 원시 지구의 표면에 내려앉았다는 이야기. 그리고 그것이 땅속 깊이 묻혔다가 수천 년 뒤 인간이 그것을 파내어 반지와 관으로 만들고 회로로 만들었다는 사실. 별의 죽음에서 태어난 영속의 물질인 금은 그렇게 우리에게 도달했다.

우리가 금을 귀하게 여기는 것은 단지 희소성 때문이 아니다. 그것은 그 희소성을 가능하게 만든 우주의 드라마 때문이다. 우리가 금을 손에 쥘 때 그것은 은하와 중성자별 중력파와 원자핵이 함께 써내려간 서사시의 일부를 손에 쥐는 것이다. 그래서 앞으로도 우리는 묻고 또 묻게 될 것이다.

"금은 어디에서 왔는가?"

이 질문은 단지 금속의 기원을 묻는 것이 아니라 '우리는 어디서 왔는가'라는 더 깊은 질문으로 이어진다. 그 답을 찾는 여정이야말로 과학이 품은 가장 아름다운 미스터리일 것이다.

꿈을 만드는데 성공한 사람들?

물끄러미 손에 쥔 금빛 반지를 바라보며 나는 문득 생각에 잠긴다. 인간은 얼마나 오래 전부터 이 빛을 꿈꾸었을까. 반지 하나에 혹은 작은 조각의 금박 위에 담긴 집요한 집착. 그리고 그 집착이 낳은 수천 년의 욕망. 그것을 우리는 연금술이라고 불렀다.

금을 만든다는 것. 어쩌면 인간이 신에게 가장 가까이 다가가려 했던 시도 중 하나였을지도 모른다. 연금술이란 단어는 오늘날엔 종종 동화나 판타지 속 환상으로 치부된다. 그러나 나는 그것이 단지 허황된 꿈이 아니라 인류 역사에서 과학의 불꽃을 지핀 진지한 여정이었다고 믿는다.

고대인들은 금을 신의 땀이라 여겼다. 바빌로니아의 신전이나 중국의 불가에서도 금은 신성한 물질이었다. 그러니 금을 만든다는 발상은 곧 신의 영역을 손에 쥐려는 도전이었다. 연금술사들은 그 도전의 중심에 섰다. 그들은 돌을 갈고, 불을 지피며, 납을 태우는 등 금이 되길 기도했다. 세상 모든 것을 바꾸는 신비한 '현자의 돌'을 찾기 위해 인생을 걸었다.

그리고 그 이야기는 단지 전설로 끝나지 않았다. 해리포터에 등장하는 니콜라스 플라멜 볼드모트 같은 허구의 인물만이 아니라 아이작 뉴턴 같은 실제의 과학자들도 연금술의 길을 걸었다. 우리는 그를 중력의 법칙과 미적분의 아버지로 기억하지만 정작 그의 생애의 절반 이상은 연금술에 바쳐졌다. 수은과 안티몬을 섞고 납을 태워 금이 될 것을 기대한 이 위대한 과학자의 손끝에서 지금 우리가 말하는 '화학'이라는 학문이 싹텄다.

인간은 금을 만드려하는 행위로 신에게 도전했다. 그리고 이 도전에 많은 과학자, 심지어 뉴턴까지 연금술에 자신의 생의 절반을 바쳤다.
얀 마테이코, 〈Alchemist Sędziwój〉(1867)

연금술은 실패의 역사였다. 그러나 그 실패가 쌓이면서 실험이라는 것이 생겼고 그 실험이 다시 원소와 반응이라는 개념을 만들었다. 그러다 라부아지에가 등장했다. 그는 물질이 사라지지 않고 형태만 바뀐다는 '질량보존의 법칙'을 정립하며 연금술의 세계에 종지부를 찍었다. 그로부터 인간은 연금술사에서 화학자가 되었다. 수세기 동안 납을 금으로 바꾸려던 시도는 이제 분자와 결합 반응속도로 정리되는 세계로 들어섰다.

그러나 이 모든 여정의 중심에 있던 질문은 여전히 남아 있다.

"인간은 금을 만들 수 있는가?"

놀랍게도 대답은 '그렇다'이다. 현대의 물리학, 특히 입자가속기의 발전은 연금술의 오랜 꿈을 현실로 만들었다. 거대한 강철 구조물 안에서 우리는 수은 Hg이나 주석 Sn 같은 원자에 중성자와 양성자를 충돌시켜 금 Au으로 바꾸는 데 성공했다. 79개의 양성자만 있으면 금이 될 수 있다. 단순한 셈법이다.

하지만 우리는 그 방법으로 금을 만들지 않는다. 왜냐고? 바보가 아니기 때문이다. 입자가속기를 가동하고 고속 충돌을 유지하고 극도로 불안정한 핵반응을 제어하는 데 드는 비용은 그 과정에서 얻는 금의 가치보다 훨씬 크다. 원자 단위로 약간의 금은 만들 수 있어도 그것은 실제 경제적 가치로 환산하기 어려운 수준이다. 결과적으로 우리는 금을 만들 수 있게 되었지만 만들지 않는다. 이 얼마나 아이러니한 일인가.

나는 이 사실을 알게 되었을 때 묘한 감정을 느꼈다. 인간은 정말 금을 만들 수 있게 되었지만 그럼에도 여전히 금을 흙 속에서 캐내고 있었다. 물리적으로 가능해졌지만 현실적으로는 여전히 손에 흙을 묻히는 일이 필요했다.

그렇다면 우리는 왜 여전히 금을 원할까? 왜 그렇게 집착할까?

나는 그것이 금이라는 물질의 실질적 가치 때문만은 아니라고 생각한다. 금은 인간이 꿈을 꾸었던 시간의 총합이다. 연금술사들이 살던 시대의 어둠 실험실을 비추던 촛불, 중세 수도원의 납과 유황, 불과

연기의 냄새 그리고 실패와 환멸까지. 그 모든 기억이 금이라는 물질에 스며 있다. 금은 인간이 꿈을 실현하려 했던 몸부림의 결정체이며 물질을 넘어선 의미가 있다.

지금도 사람들은 금을 반지로 만들고 휴대폰 회로에 사용하고 위기 때마다 다시 금으로 돌아간다. 그건 단지 가치 때문이 아니다. 그것은 아마도 우리 마음속 어딘가에 아직도 금을 만들고 싶어 하는 연금술사가 살아 있기 때문일 것이다. 그 옛날 납덩어리를 손에 쥐고 고요히 불을 지피던 인간의 눈빛이 지금도 우리 안에서 작게 타오르고 있기 때문이다.

언젠가 지구의 금이 모두 고갈될까?

"지구에 있는 금은 언젠가 고갈될까? 우리가 캐내어 가공하고, 가공하고 쌓아놓고 다시 녹여 쓰는 금들. 이대로 계속 쓰다 보면 결국 바닥이 나지 않을까?"

금은 무한하지 않다. 그것은 지구에서 만들어지는 것이 아니라 지구가 만들어지기 전에 이미 존재하던 것이다. 별들이 죽을 때 초신성으로 폭발하거나 중성자별이 충돌할 때 탄생한 금 원자들이 먼지처럼 우주를 떠돌다가 어떤 별 주위에 고요히 응축되고 마침내 태양계라는 이름의 시스템 안에 흩뿌려졌다. 태양계에 속한 암석형 행성 수성, 금성, 지구, 화성 이 그 금의 파편들을 나누어 가졌고 그 중 지구는 운 좋게도 적당한 압력과 지질 활동 덕에 금을 드러낼 수 있는 행성이 되었다.

지금까지의 과학은 말한다. 암석형 행성들은 대체로 비슷한 원소 조성 Chemical composition 을 지닌다. 따라서 이론상으로는 수성, 금성, 화성에도 금이 존재할 가능성이 있다. 하지만 현실은 조금 다르다. 우리는 아직 다른 행성에 발을 제대로 들이지 못했고 지구에서조차 우리가 땅을 파본 깊이는 고작 몇 킬로미터에 불과하다. 지구의 지름이 약 1만 2천 8백 킬로미터라는 점을 생각하면 우리는 그 거대한 구의 표피만 겨우 긁었을 뿐이다.

"그렇다면 지구의 금은 언제 고갈될까?"

사실 이 질문에는 두 가지 답이 있다. 하나는 기술적 현실에 기반한 대답, 또 하나는 이론적 가능성에 기반한 희망이다.

기술적으로 보자면 우리는 이미 많은 금광을 사용해 왔다. 금이란 것은 단순히 흙속에 흩어진 것이 아니라 광맥이라는 형태로 응집되어 존재한다. 수십, 수백 미터 깊이에서 금이 실핏줄처럼 이어져 있는 광맥을 발견하고 그 라인을 따라 채굴하는 것이 지금까지의 방식이었다. 이 방식은 19세기와 20세기 초 전성기를 맞았던 나라들—남아공, 미국, 호주 그리고 놀랍게도 일제강점기 당시의 한국—에 의해 활발히 이용되었다.

특히 한국은 한때 세계에서 손꼽히는 금 생산국이었다. 강원도와 경상북도 일대에선 고운 금가루가 강을 따라 흘렀고 산을 따라 금맥이 이어졌다. 일제는 그것을 그대로 놔두지 않았다. 조직적으로 채굴

러시아의 콜라 초심층 시추공 입구로 세계에서 가장 깊이 파내려간 수직공동이나
재정난으로 인해 2005년부터 폐쇄돼 현재까지 방치되고있다

해서 많은 양을 반출해갔다. 때로는 한국에 온 서양 선교사들에게 금광 하나를 선물처럼 주기도 했다.

하지만 지금은 어떤가. 대부분의 금광은 채굴이 끝났고 남은 건 텅 빈 터널뿐이다. 여전히 금이 남아 있을 수도 있지만 채산성이 맞지 않거나 기술적으로 접근이 어렵다. 그렇다면 더 이상 금을 얻을 방법은 없는 걸까?

나는 그렇게 생각하지 않는다. 우리가 파 본 깊이는 아직도 너무 얕다. 인간이 가장 깊게 판 러시아의 콜라 초심부 시추공조차 1만 2천 미터를 넘지 못했다. 지구의 중심에 닿으려면 아직 6천 킬로미터는 더

가야 한다. 바다 아래, 빙하 아래, 깊은 산맥의 뿌리 속에는 우리가 상상도 하지 못한 금의 매장지가 숨겨져 있을지도 모른다.

또한 아직 손대지 않은 땅도 많다. 정치적, 지리적 이유로 접근이 어려운 곳 혹은 기술 부족으로 조사조차 못한 지역들이 지구에는 여전히 존재한다. 기술이 발전하고 더 깊고 정밀하게 탐사할 수 있게 된다면 우리는 아직도 많은 금을 찾아낼 수 있을 것이다.

12

몸속의 혈관과 하늘의 번개가 똑같이 생겼다?:
번개

    붉은 번개를 처음 본 것은 생일을 하루 앞둔 저녁이었다. 하지만 사람들은 놀라지 않았다. 그게 이상했다. 그 붉은 번개는 하늘을 가르고 땅끝을 향해 내리꽂혔지만 주변은 침묵했다. 마치 아무 일도 일어나지 않았다는 듯이 차는 지나갔고 사람들은 휴대폰을 보며 지나쳤다. 어쩌면 그들이 보지 못했을 수도 있다. 나만 본 것일 수도 있었다.

    나는 그날 이후로 누구도 관심 없는 하늘을 매일 올려다보았다.

불기둥 같은 번개가
생기는 이유

처음 붉은 번개의 이야기를 들었을 때 나는

믿지 않았다. 붉은 섬광이 하늘을 가르며 번쩍인다는 말은 마치 신화처럼 들렸다. 그런데 그게 단순한 상상이 아니라 과학적으로 존재하는 현상이라는 사실을 알게 된 건 내가 밤하늘을 오랫동안 관찰하기 시작하면서부터였다.

우리가 매일 살아가는 이 지구의 하늘은 생각보다 복잡한 층으로 구성되어 있다. 지표면에서 시작해 대류권, 성층권, 중간권, 열권 외기권까지. 이 중 우리가 일상적으로 겪는 모든 날씨 변화비, 눈, 구름, 바람는 대부분 대류권에서 일어난다. 지표에서 평균 10~12킬로미터 높이까지 펼쳐진 이 공간 안에서 적운이라는 구름이 솟구치고 그 안에서 번개가 생겨난다.

우리는 보통 하늘에서 아래로 떨어지는 번개만을 본다. 그러나 어떤 번개는 아래가 아니라 위로 대류권 꼭대기에서 성층권과 중간권을 향해 솟구친다. 그중 특별한 것이 바로 '붉은 번개' 과학적 이름으로는 스프라이트Sprite라 불리는 현상이다.

이것은 Stratospheric-mesospheric 성층권-중간권에서 일어나는 perturbations 교란 현상 resulting from 원인은 intense 강력한 thunderstorm 천둥번개의 electrification 전기작용 의 앞자를 따서 만든 말이다. 즉 '성층권과 중간권 사이에서 천둥번개의 강력한 전기작용으로 일어나는 교란현상'이라는 뜻이다. 이름을 굳이 알 필요는 없지만 우리가 즐겨 마시는 음료수 '스프라이트'와 이름이 같기 때문에 기억하긴 좋다.

스프라이트는 아주 높은 곳, 중간권에서 발생하는 방전 현상이다. 이 중간권은 지표면으로부터 50~80킬로미터 상공에 있으며 공기

상층대기 번개인 자이언트 제트는 규모가 크고 광범위하며,
사진 속 레드 스프라이트(위)와 블루 제트(아래)를 모두 확인할 수 있다

밀도가 극히 낮다. 그리고 그곳에서 번개가 발생하면 공기 분자와 충돌하면서 붉은색의 플라즈마 방전이 일어난다. 하지만 그 붉은 섬광은 0.01초 혹은 0.1초 정도밖에 지속되지 않기 때문에 사람의 맨눈으로는 인식하기 어려울 수 있다. 마치 깜빡이는 꿈결처럼 하늘 어딘가에서 나타났다가 이내 사라진다.

그렇다면 왜 하필 붉은색인가? 이 질문을 품게 된 것도 나처럼 하늘을 좋아하는 사람들이었을 것이다. 사실 이유는 단순하다. 공기 중

78퍼센트를 차지하는 질소와 21퍼센트를 차지하는 산소 중 주로 질소가 이런 고도에서 플라즈마 방전의 주체가 된다. 그리고 질소가 높은 에너지를 받아 방전되면 약 650나노미터의 빛을 내보낸다. 이 파장이 바로 붉은색이다. 그래서 붉은 섬광이 하늘을 물들이는 것이다.

하지만 이 현상은 우리 일상에서는 거의 볼 수 없다. 왜냐하면 스프라이트가 발생하는 조건 자체가 매우 까다롭기 때문이다. 보통 열대 지역, 적도 부근 특히 산악지대나 대륙의 중심부처럼 대기의 불안정성이 강한 지역에서만 발생한다. 그리고 그것도 아주 강력한 번개가 하늘을 찌를 듯 솟아오를 때만 일어난다. 무엇보다 도시의 불빛이 가득한 한국 같은 곳에서는 하늘을 투명하게 보기도 어렵다. 높은 고도, 맑고 어두운 하늘, 도시의 공해가 닿지 않는 외딴 곳에서만 그것도 아주 잠깐 보일 뿐이다.

그래서 한국에서 붉은 번개 스프라이트를 본 사람은 거의 없다고 해도 무방하다. 나는 그 사실이 조금 서글펐다. 우리가 살고 있는 이 지구라는 별 위에 그런 장관이 펼쳐지고 있는데 정작 우리는 그걸 보지 못한 채 살아간다. 아주 특별한 관측 장비, 고속 카메라, 적외선 감지기 등이 아니면 포착조차 되지 않는다. 보고도 몰랐을 수도 있고 본 줄도 몰랐을 수도 있다.

그러나 스프라이트만 있는 게 아니다. 그 아래 고도 대류권과 성층권 사이에서는 '블루 제트 blue jet'라는 현상이 있다. 번개를 발생시키는 뇌운의 꼭대기에서 하늘로 파랗게 솟구치는 섬광. 400~500나노

고도 대류권과 성층권 사이에서 발생하는 '블루 제트'는 4~500나노미터 짧은 파장의 고에너지 빛을 청색에서 보라색으로 방전한다

미터 짧은 파장의 고에너지 빛으로 청색에서 보라색에 이르는 방전이다. 이것 역시 눈 깜짝할 사이에 사라지는 짧은 현상이다.

그리고 그 위 중간권보다도 높은 열권 경계에서는 '엘브스 ELVES'라는 현상이 펼쳐진다. 번개의 강력한 전자기 펄스가 대기 상층부를 자극하며 고리 형태의 붉은 섬광을 만들어내는데 그 시간은 단 0.001초뿐이다. 인간의 인식 능력으로는 거의 감지할 수 없는 찰나의 빛이다. 높이 기준으로 보면 대류권에서는 일반 번개 대류권과 성층권 사이에는 블루 제트, 성층권과 중간권 사이에는 스프라이트, 그 위에는 엘브스가 있다.

**번개가 밑에서
동시에 올라오는 이유**   하늘이 으르렁거릴 때마다 나는 어린 시절의 기억으로 돌아간다. 비가 쏟아지던 여름밤 불 꺼진 방 안에서 창문 너머로 번쩍이는 하늘을 바라보며 가슴이 쿵쿵 뛰던 그 밤들. 그 번개가 어떤 원리로 치는지, 왜 그렇게 요란한 소리를 내며 내려오는지 그땐 몰랐지만 두려움과 경외심은 분명히 내 안에 있었다.

이제는 안다. 번개란 하늘과 땅 사이에 쌓인 긴장의 폭발이라는 것을.

모든 것은 구름에서 시작된다. 하늘 위로 올라가는 따뜻한 공기와 아래로 내려오는 차가운 공기. 이 두 흐름이 충돌하면서 구름 안의 수분 입자들이 부딪힌다. 그 부딪힘은 단순한 마찰이 아니라 전하의 분리다. 구름 위쪽에는 양전하가, 아래쪽에는 음전하가 쌓이기 시작한다. 그리고 그 전하의 균형이 무너지기 시작하는 순간 공기 중엔 보이지 않는 전기장이 형성된다.

전기장은 말 그대로 '에너지의 긴장'이다. 공기 자체는 원래 전기를 통하지 않는 절연체지만 전기장이 충분히 강해지면 그 절연성도 깨진다. 그렇게 쌓이고 쌓인 긴장 끝에 마침내 전자가 이동하고 하늘을 가르는 찬란한 빛—번개가 발생하는 것이다.

그런데 번개는 구름 안에서만 끝나지 않는다. 음전하가 가득한

번개는 지구 전체 하루 약 800만 번 정도 내리치는 흔한 현상이지만 이 중 90% 이상은 구름 속에서 일어난다

구름 아래쪽은 지면에도 영향을 미친다. 구름 밑에 있는 음전하가 지표면에서 양전하를 유도하게 된다. 땅 위에 있던 물체들이 전자를 잃거나 혹은 끌려가면서 표면에 양전하가 축적된다. 이때 지면과 구름 사이에는 강력한 전기장이 생기고 다시 한 번 긴장 상태가 만들어진다.

이 모든 자연의 흐름 속에서 인간이 만든 장치가 바로 피뢰침이다.

피뢰침은 단순히 쇠기둥이 아니다. 그것은 하늘과 땅 사이의 긴장을 직접 받아내는 '뾰족한 손가락'이다. 피뢰침은 뾰족할수록 더 효과적이다. 왜냐하면 뾰족한 지점에 전기장이 집중되기 때문이다. 전기장이 강하게 모이면 그 주변 공기는 쉽게 이온화되어 전기적 통로가 만들어진다. 우리는 이것을 '코로나 방전? corona discharge 현상'이라고 부른다. 즉 피뢰침은 번개의 길을 열어주는 관문 같은 존재다.

그리고 '선행방전 Leader'이란 현상을 통해 구름에서 전자가 먼저 내려오기 시작한다. 아직 땅까지 닿지는 않았지만 구름과 땅 사이의 전기장이 점점 강해지고 마침내 피뢰침 꼭대기에선 상향방전 Upward Streamer 이 발생한다. 즉 땅에서 하늘로도 전기가 솟아오르는 것이다. 그 두 방전이 중간 어딘가에서 만나게 되면 완전한 통로가 생기고 그 순간 강력한 전류가 흘러가면서 번개가 눈앞에 보이는 형태로 터져 나온다.

사람들은 종종 번개가 땅에서 솟았다고도 말하고 하늘에서 내려왔다는 사람도 있다. 둘 다 맞다. 단지 시간 차이가 너무 짧아 인간의 눈에는 하나로 보일 뿐이다. 실제로는 선행방전이 먼저 시작되고 상향방전이 그 뒤를 따른다. 그 두 경로가 하나로 연결될 때 번개는 비로소 완성된다.

이 모든 것을 알고 나니 하늘을 바라보는 눈이 달라졌다.

우리는 피뢰침 하나에 과학과 생존의 지혜를 담았다. 전기장의 집중, 뾰족한 설계, 도체의 성질. 하지만 동시에 그것은 인간이 자연의 분노를 받아내기 위해 만든 작고도 위대한 구조물이다. 모든 것이 높으면 번개를 맞기 쉽다. 하지만 피뢰침은 높이만이 아니라 '의도된 위

피뢰침의 등장으로 인간은 비로소 번개로부터의 피해범위를 줄일 수 있게 된다

험'을 감수하는 것이다. 그것은 번개를 피하는 장치가 아니라 번개를 받아내는 장치다.

번개의 방향까지 조종하는 인류

예전에는 번개가 치면 손부터 움켜쥐었다. 어릴 적 들은 '천둥은 하늘의 분노'라는 말이 귓가를 맴돌며 손끝이 얼어붙는 기분이었다. 그러나 지금은 다른 눈으로 번개를 본다. 그것은 통제되지 않은 자연의 힘이자 인간이 그 방향까지 조정하려 시도하고 있는 대상으로 말이다.

'피뢰침이 있다는 건 번개의 방향을 정할 수 있다는 뜻 아닐까?' 처음 이런 생각을 품었을 때 나는 아직 번개를 단지 피해야 할 것이라고 여겼다. 하지만 지금은 다르다. 우리는 이제 번개의 방향마저 '원하는 곳으로' 유도할 수 있는 기술을 손에 쥐려 하고 있다. 바로 '레이저 유도 방전 기술 laser-guided lightning'. 말 그대로 레이저로 번개의 경로를 안내하는 것이다.

이 기술의 원리는 단순하지만 강력하다. 고출력의 레이저를 하늘로 쏘면 레이저가 지나는 경로의 공기를 이온화시킨다. 이 이온화된 경로는 전기저항이 낮기 때문에 번개는 자연스럽게 이 길을 따라 내려온다. 마치 '이리로 오라'고 길을 열어주는 것이다. 그리고 놀랍게도 2022년 스위스의 한 연구팀은 이 기술을 실제로 성공시켰다. 번개의 방향을 사람이 선택한 곳으로 유도하는 데 성공한 것이다.

그 목적은 분명하다. "번개야 저 위험한 곳은 피하고 우리가 준비해 둔 방향으로 떨어져줘." 발전소, 공항, 연료 저장소 같은 곳은 낙뢰 한 번으로 엄청난 피해가 생긴다. 사람들은 단지 자연을 막으려는 것이 아니라 그 안에서 생존하고 더 나아가 다스리려는 것이다.

물론 아직 갈 길은 멀다. 레이저 장비는 고출력이고 고비용이다. 상용화되기엔 장애물이 많다. 하지만 시작은 되었다. 그리고 번개를 제어하려는 또 다른 시도들도 있다. 예컨대 '고급 피뢰 시스템 advanced lightning protection system'은 단순히 번개를 피하는 것이 아니라 먼저 반응하여 번개의 경로를 끌어오는 개념이다. 피뢰침에서 상향방전을

'레이저 유도 방전 기술'로 발전소, 공장 등에 번개로 인한 피해를 최소화 할 수 있다

먼저 일으켜 번개의 선행방전과 만나게 하는 것으로 번개를 유도하는 것이다.

또한 '전기장 제어 기술'도 연구 중이다. 인간이 대기의 전기장을 조작하는 것이다. 이온화된 에어로졸을 뿌려서 공기의 전기적 성질을 변화시키는 식이다. 이렇게 되면 번개가 생기려는 지역의 전기장을 약화시켜 번개가 생기지 않게 하거나 아예 다른 곳으로 번개를 유도할 수도 있다. 말 그대로 하늘의 '배선'을 다시 짜는 일이다.

"그럼 피뢰침도 있는데 굳이 왜 이렇게까지 개발할까?"라고 묻는 사람이 있을지 모른다. 인간은 언제나 더 안전한 방법을 원한다. 그리고 피뢰침이 있다하더라도 번개로 인한 피해는 끊이지 않는다. 번개

줄기의 온도는 약 3만 도. 태양 표면이 약 5500도라는 점을 생각하면 번개는 표면 온도만 따졌을 때 태양보다 다섯 배 이상 뜨겁다. 물론 태양의 중심은 1500만 도에 달하지만 그건 핵융합이 일어나는 곳이다. 번개는 순간적인 고온이지만 그 짧은 시간에 방출되는 에너지는 충분히 치명적이다.

특히 번개가 자주 치는 지역 예컨대 미국 남부 열대 지역, 아프리카 대륙 중부 등에서는 매년 수많은 낙뢰 피해가 보고된다. 축구를 하던 청소년들이 번개에 쓰러지는 뉴스, 목장을 덮친 낙뢰로 수십 마리의 가축이 죽는 일, 심지어 비행기의 관제 시스템이 마비되는 일도 흔하다. 한국처럼 낙뢰가 드문 지역에 사는 이들에겐 상상도 못할 일들이 일상처럼 벌어지는 것이다.

기후변화가 점점 현실화되는 이 시대에 들어서는 번개에 대한 경각심도 새롭게 형성되고 있다. 예전에는 '하늘을 두려워해야 한다'는 말이 신화 속의 교훈처럼 들렸다면 이제는 과학적 경고로 받아들여야 한다. 극한 기후는 더 강한 번개를 만들고 그 위협은 점점 우리 가까이로 다가오고 있다.

나는 다시 하늘을 바라본다. 이제 그 속에서 무작위로 내리꽂히는 번개가 아니라 인간이 이해하고 대응하고 언젠가 제어하게 될 가능성을 본다.

번개와 혈관의 모양이
비슷한 이유

번개에 맞은 사람을 직접 본 적은 없다. 그러나 그들이 남긴 흔적 그리고 과학자들이 분석해낸 이야기를 들을 때면 내 몸 어딘가에 숨은 공포와 경외가 동시에 들끓는다.

흉터가 남는 정도면 다행이다. 대부분의 경우 번개는 목숨을 앗아간다. 순간적으로 10억 볼트의 전압, 섭씨 3만 도에 달하는 열이 몸을 관통한다. 그 에너지는 너무도 크고 갑작스러워서 인간의 생체 조직은 그저 저항할 틈도 없이 타들어간다. 마치 하늘이 휘두른 창 끝에 피부가 벌겋게 갈라지는 듯한 어떤 고통이 몸을 꿰뚫는다.

그러나 살아남은 이들이 남기는 것이 있다. 번개 화상, 그중에서도 가장 특이한 것은 붉은 나뭇가지 같은 무늬가 몸에 남는 것이다. 마치 대지를 가른 번개의 자국처럼 그 무늬는 피부 위에 펼쳐진다. 붉게 타오른 줄기, 갈라져 나간 모세혈관들, 그것이 파열되며 남기는 잔상이 바로 '리히텐베르크 패턴 Lichtenberg-Figuren'이다.

리히텐베르크는 독일의 과학자 이름이다. 그는 고전 전기 실험 중 이 패턴을 처음 관찰했다. 마치 땅을 가르는 강의 지류처럼 사람의 피부에 생기는 이 번개 자국은 자연이 남긴 섬세한 조각 같았다. 마치 나뭇가지가 하늘에서 몸을 향해 내려오고 그 흔적을 잊지 않겠다는 듯이 각인한 것처럼.

'리히텐베르크 패턴'은 전기가 절연체의 표면을 때리거나 내부를 통과할 때 남기는 나뭇가지 모양의 형체다

이 나뭇가지 모양은 단순한 우연이 아니다. 그것은 자연의 최적화된 흐름이 만든 결과다. 저항이 가장 낮은 길을 따라 에너지가 흐르면 강이 삼각주를 이루고 나뭇가지가 햇볕을 향해 뻗으며 번개는 인간의 피부 위에 프랙탈 구조를 그린다. 이 구조는 거대하다. 허파의 꽈리 하나를 들여다보면 전체 허파를 보는 것 같고 브로콜리의 작은 가지 하나에도 전체가 담겨 있다. 자연은 부분 안에 전체를 담는다. 그것이 프랙탈이다.

번개는 몸 안을 통과할 때 혈관 신경 근육 같은 전기 전도성이 높은 부위를 따라 흐른다. 그리고 출구에 이르러서는 폭발한다. 번개가 처음 몸에 닿은 지점보다 나가는 곳에서 더 큰 상처가 생기는 이유다. 마치 총알이 몸을 관통할 때 입구보다 출구가 훨씬 크고 깊은 것처럼.

전류는 흐르며 열을 만든다. 그 열은 내부에서 차오르다가 공기라는 절연체를 만나며 터져 나간다. 그리고 그 흔적은 리히텐베르크 패턴으로 우리 몸에 남는다.

이 패턴은 단지 무늬가 아니다. 그것은 자연이 가장 효율적으로 에너지를 분산시키는 방식이다. 인간이 만든 도시의 전력망과 컴퓨터 네트워크는 그 설계 원리가 이와 닮아 있다. 중심에서 시작된 흐름은 가지를 뻗고 작은 흐름들은 또 다른 흐름으로 이어지며 전체를 유지한다. 복잡해 보이지만 그것은 단 하나의 원리를 따른다. 저항이 가장 낮은 곳으로, 그리고 가장 자연스러운 길로.

자연은 반복을 사랑한다. 작은 흐름이 모여 강이 되고 작은 가지가 모여 숲이 된다. 그리고 때때로 하늘에서 내려온 전기가 인간의 몸을 지나갈 때 그 몸 역시 하나의 지형이 되고 하나의 숲이 된다. 나뭇가지 같은 자국이 그 몸 위에 남을 때 그것은 하나의 자연 현상이다. 단지 인간의 살 위에 일어났다는 점만이 다를 뿐.

나는 그 패턴을 보고 한 가지를 깨달았다. 인간은 자연의 일부다. 그 몸이 자연을 담고 있다는 사실. 우리가 아무리 문명을 발전시켜도 하늘에서 내려오는 번개 한 줄기 앞에선 여전히 자연의 생물이다. 그리고 그 에너지가 지나간 자리에는 자연이 남긴 아름답고 무서운 서명이 있다.

13

빨간색을 본다는 것, 이것이 우리를 지배자로 만들었다:
인간의 눈(目)

세상은 색으로 가득하다. 하지만 '색'은 존재하지 않는다. 오직 빛만 존재할 뿐이다. 파장은 다르지만 본질은 모두 '빛'이다. 모든 동물은 빛을 본다. 어떤 새는 자외선을 감지하고 일부 새우는 12개의 원추세포를 가지고 무지개를 넘어선 세계를 본다. 하지만 그들에게 색은 단지 생존의 신호일 뿐이다. 짝을 찾고 적을 피하고 먹이를 구별하는 수단이다. 색은 신호이고 지표이자 본능을 이끄는 도구일 뿐이다.

신이 만든 것 같은
인간의 눈

사진을 찍다 보면 자주 생각하게 된다. 왜 이리 복잡한 걸까. 조리개를 열면 배경이 흐려지고, 좁히면 배경은 선명해지는데 사진 전체가 어두워진다. 그래서 셔터 속도를 느리게 하면 그나마 밝아지지만 손을 조금만 떨어도 사진이 흔들려 버린다. ISO를 올리면 밝아지긴 하지만 노이즈가 낀다. 단 한 장의 사진을 얻기 위해 몇 번이고 실패하고 조건을 계산해야 한다.

"내 눈처럼만 찍혔으면 좋겠어."

내 눈처럼. 말은 간단하지만 사실 그것은 거의 기적에 가까운 기능이다. 인간의 눈은 조리개나 셔터 속도, ISO를 따로 조절하지 않아도 모든 것을 '알아서' 처리해준다. 카메라라면 몇 초를 들여 조절할 설정을 눈은 단 한 순간에 해낸다. 눈동자는 빛이 강해지면 자동으로 동공을 좁히고 어두우면 알아서 넓어진다. 거리와 상관없이 앞의 사물에 순간적으로 초점을 맞추고 다시 먼 산에도 선명하게 시선을 맞춘다. 렌즈가 오토포커스를 맞추는 몇 초보다도 인간은 그보다 빠르게 찰나에 초점을 이동한다.

하지만 눈만으로 가능한 것은 아니다. 우리가 무언가를 본다는 것은 단순히 눈만의 기능이 아닌 뇌의 작용이 수반되어야 가능하다. 눈은 단지 빛을 받아들이는 입구일 뿐이고 진짜 보는 일은 뇌가 한다. 더 정확히 말하면 중뇌와 대뇌의 시각피질이 담당한다. 인간의 시각 정보는 망막을 통해 시신경으로 전달되고 시신경은 대뇌 시각피질까지 연결된다. 그 과정에서 뇌는 조리개를 조절하고 셔터 속도도 감지하고 ISO 감도처럼 어두운 곳에서도 형태를 보완해서 인식하게 한다.

인간의 눈은 단순한 감각기관이 아닌 진화의 걸작품이자 감정의 문, 지각의 창, 정보의 문명이다

카메라에 뇌가 있다면 아마 사람처럼 볼 수 있었을 것이다. 하지만 기계는 그저 광학적 처리를 할 뿐 의미를 해석하지는 않는다. 뇌가 있기 때문에 우리는 흐릿한 그림자 속에서 얼굴을 구분할 수 있고 빛의 잔상 속에서도 움직임을 예측할 수 있다.

게다가 인간의 눈은 색을 구별할 수 있는 능력도 탁월하다. 적, 녹, 청 세 가지의 원추세포만으로 우리는 수백만 가지 색을 구분해낸다. 복잡한 계산 없이 우리는 단번에 '이건 밤하늘의 남색이야', '저건 보라와 분홍이 섞인 아침노을이야'라고 말할 수 있다. 우리 눈은 세상을 단지 빛의 강도로 보지 않는다. 해석된 감정의 풍경으로 본다.

그러니 인간의 눈은 단지 감각기관이 아니다. 진화의 걸작품이다. 그것은 감정의 문, 지각의 창, 정보의 문명이다.

그리고 이 눈은 하루아침에 만들어지지 않았다.

지금의 눈은 5억 년이 넘는 진화의 결과물이다. 최초의 광수용체 단세포에서 시작해 빛과 어둠을 구별하는 단순한 감광점에서 점차 렌즈가 생기고, 심도가 생기고, 색을 감지하고 초점을 맞추는 능력이 생겼다. 각 단계는 운이 따라야 했고 동시에 필요가 있었기에 진화했다. 생존이 선택을 만들었고 선택이 능력을 바꾸었다.

지금 이 순간 내가 글을 읽고 있는 바로 이 동작은 진화가 만들어 낸 가장 세밀하고 정교한 시선이다. 아무리 좋은 카메라나 아무리 정교한 센서도 인간의 눈만큼은 따라오지 못한다. 왜냐하면 그것은 단지 시각이 아니라 의식이기 때문이다.

빨간색을 못 보는 다른 포유류들?

가끔 인간들은 헷갈려한다.

"과연 우리가 가장 잘 보는 존재일까?"

야행성 동물인 고양이나 부엉이 같은 생명체가 어둠 속에서도 유령처럼 사냥하는 모습을 보면 마치 그들이 우리보다 더 정교한 시각을 가진 것처럼 느껴진다. 하지만 실제로는 다르다. 보는 것은 단지 얼마나 밝게 보이는가의 문제가 아니라 얼마나 다양하게 보이는가, 얼마나 정확하게 초점을 맞추고 해석하는가의 문제다.

개와 고양이는 빨강과 초록 계열을 인식하지 못해 세상을 노랑과 파랑, 회색의 범위로 본다

예를 들어 쥐는 자기 몸 길이만큼의 거리에서만 선명하게 사물을 볼 수 있다. 그 너머는 모두 흐릿하다. 그래서 고양이가 가만히 있다면 쥐는 그것을 미처 인식하지 못하고 그 앞으로 지나가 버리기도 한다. 보이지 않기 때문이다. 그래서 쥐는 항상 움직인다. 움직이는 것을 통해 주변을 인식하고 판단한다. 그게 그들의 생존 방식이다.

사실 대부분의 포유류는 뛰어난 시각 능력을 갖고 태어난 존재들이 아니다. 그건 진화의 역사와 관련이 있다. 포유류와 공룡은 공통 조상에서 갈라졌지만 공룡이 지구의 낮을 장악했던 긴 시간 동안 포유류는 생존을 위해 밤을 선택했다. 거대한 공룡들 사이에서 주먹만 한 덩치로 살아남기 위해 이 작은 생명체들은 주로 야행성으로 살았다.

야행성은 어둠 속에 몸을 숨길 수 있지만 색을 구분하는 능력은 점점 퇴화하게 된다. 어둠 속에서 가장 필요한 건 형체와 명암의 구분이지 색상의 세세한 구별이 아니기 때문이다. 그리고 그렇게 포유류는 색보다 움직임과 밝고 어두움을 감지하는 능력을 중심으로 진화했다.

눈 안의 감각세포는 두 종류가 있다. 하나는 빛의 밝고 어두움을 감지하는 '간상세포'이고 다른 하나는 색을 인식하는 '원추세포'다. 야행성 동물에게는 간상세포가 많고 원추세포는 거의 없다. 그렇기 때문에 대부분의 포유류는 색을 거의 구별하지 못한다. 대표적으로 개나 고양이는 빨강-초록 계열을 인식하지 못해 세상을 노랑과 파랑 회색의 범위로 본다.

반면 인간은 다르다.

인간은 언젠가부터 낮에 활동하기 시작했고 점차 원추세포가 발달했다. 지금 우리는 RGB 적, 녹, 청의 세 가지 원추세포를 가지고 있고 이 조합으로 수백만 가지 색조를 구별할 수 있다. 컴퓨터나 스마트폰 화면이 RGB 방식으로 색을 표현하는 것도 인간의 눈 구조가 그 체계를 기반으로 작동하기 때문이다.

햇살이 가득한 대낮에 우리는 초록 이파리의 선명한 결을 보고 그 사이를 나는 새의 붉은 깃털을 인식하며 거리를 메운 자동차의 색과 사람들의 옷 색깔, 그 속의 감정과 계절을 읽는다. 우리는 색으로 세상을 이해한다. 하지만 다른 동물들은 그렇지 않다.

당근을 예로 들어보자. 인간은 당근의 윤기 있는 주황빛을 보고 신선함을 느낀다. 오래된 당근은 색이 바래 탄력이 없다. 우리는 그것을 늙은 당근으로 인식하고 피한다. 하지만 토끼는 어떨까? 그들은 색으로 당근을 판단하지 않는다. 토끼는 단지 땅 위에 놓인 특정한 형태와 냄새를 감지하고 그것이 먹이일 것이라는 추론 하에 행동할 뿐이다. 색은 필요 없는 정보다.

그래서 인간의 눈은 단순히 색을 보는 능력이 아니라 색을 해석하는 능력이다. 그것이 사물의 상태를 판단하게 하고 위험을 감지하게 하며 나아가 미술과 예술 상징과 문화로까지 이어지게 만든다.

인류 진화의 열쇠는 빨간색?

인간은 빨간색을 본다. 그것은 단순한 능력이 아니다. 그것은 운명처럼 주어진 진화의 선택이었다. 모든 영장류가 그렇듯 인간도 '삼색시각'을 갖고 있다. 대부분의 포유류가 '이색시각'만을 갖고 있는 데 반해, 영장류는 아주 특별한 방향으로 진화해왔다. 그 시작은 아마도 숲 속이었을 것이다.

울창한 밀림 속에서 살아가는 영장류에게 가장 중요한 생존 수단 중 하나는 바로 과일을 찾는 능력이었다. 먹을 수 있는 과일 대부분은 노란색이나 빨간색으로 익는다. 아직 덜 익었을 땐 녹색이다. 그런데 만약 빨간색을 볼 수 없다면? 잘 익은 과일은 녹색 배경 속에서 구분이 되지 않는다. 붉은색을 감지하지 못하는 이색시각의 동물들은 녹색과 빨간색을 구분 못 한다. 마치 브라운이나 어두운 회색처럼 말이다.

그렇기에 빨간색을 감지할 수 있는 돌연변이가 나타났을 때 그것은 엄청난 이점이었다. 더 잘 익은 과일을 더 정확하게 구분할 수 있었던 개체는 더 많은 에너지를 섭취해 더 건강했으며 짝짓기를 더 많이 해 더 많은 자손을 남겼다. 그렇게 삼색시각을 가진 유전자는 퍼져나갔고 오늘날 인간에게까지 전달되었다.

그러나 이 능력은 단지 먹는 데에만 유리했던 것이 아니다. 사냥, 생존, 감정에도 영향을 주었다.

붉은색은 피의 색이다. 사냥 중 상처 입은 동물을 추적할 때 우리는 땅에 떨어진 핏자국을 따라간다. 그 색이 없다면 냄새나 흔적으로만 추적해야 했을 것이다. 하지만 인간은 시각적으로 추적이 가능했다. 그것은 사냥 성공률을 끌어올렸고 육식이 가능해졌으며 더 많은 단백질을 통해 두뇌는 더욱 커졌다.

그리고 붉은색은 감정의 색이다. 우리는 상대의 얼굴빛을 보고 건강 상태를 판단한다. 혈색이 붉으면 건강해 보이고 창백하면 병들었다고 느낀다. 짝을 선택할 때도 마찬가지다. 입술을 붉게 칠하고 볼에 붉은 화장을 하는 것도 다 같은 이유다. 인간은 본능적으로 붉은색을 '생명력', '활기', '매력'으로 인식한다.

심지어 불조차도 붉다.

인류는 약 150만 년 전부터 불을 다루기 시작했다. 하지만 우리가 빨간색을 보는 능력은 700만 년 전보다 훨씬 이전부터 있었다. 불의 붉은 빛은 다른 동물들에게는 그저 밝고 어두운 빛의 변화였을지 몰라도 인간에겐 시각적으로 강렬한 상징이었다. 우리는 멀리서도 그 빛을 감지할 수 있었고 그것을 따라 이동했으며 따뜻함과 위안을 느꼈다.

즉 인간이 불을 사용하게 된 것은 빨간색을 볼 수 있었기 때문이기도 하다. 붉은 빛의 강렬함이 우리를 끌었고 우리는 그 빛을 해석할 수 있었으며 결국 그것을 제어하게 된 것이다.

이 모든 것은 아주 작고 미묘한 유전적 돌연변이에서 시작되었다. 사실 인간의 조상에게는 이미 삼색시각의 유전자가 있었다. 다만 발현되지 않았을 뿐이다. 특정 환경과 개체에서 이 유전자가 다시 활성화되었고 그 우연은 필연이 되었다.

인간은 빠르지 않고 육체도 강하지 않다. 맹금류처럼 예리한 시야를 가진 것도 아니지만 인간은 색을 본다. 그것도 아주 정교하게 감정까지 포함해서 본다. 그것이 인간을 슈퍼 포식자로 만들었다.

사자를 피하지 못했던 인간은 붉은 열매를 먼저 발견했고 핏자국을 따라갔으며 상대의 혈색을 읽었고 붉은 불길을 발견했다. 빨간색을 볼 수 있었기에 우리는 살아남았다. 그리고 그 시각은 결국 문명으로 이어졌다. 그렇다면 묻고 싶다.

"불의 사용과 빨간색을 보는 능력 중
어느 것이 먼저였을까?"

정답은 분명하다. 빨간색을 보는 능력이 훨씬 먼저였다. 불은 우리가 사용할 수 있게 된 지 채 200만 년이 되지 않았다. 그러니 우리는 말할 수 있다. 우리가 인간이 될 수 있었던 것은 붉은 것을 본 그 순간부터라는것을.

사색각이 있는
조류, 어류, 파충류

인간은 앞서 말했듯이, 청, 녹, 적 세 가지 색깔만으로 세상을 무수히 많은 색조로 인식할 수 있다. 디지털 화면은 이 세 가지 색을 조합해서 온갖 색을 만들어내고 우리는 그것을 진짜 색이라 믿는다. 하지만 사실 이 RGB는 우리 눈이 받아들일 수 있는 세계의 제한된 조각에 불과하다.

우리가 보는 빛은 가시광선이라고 불린다. 대략 400나노미터에서 700나노미터 사이. 400이면 보라색, 700이면 빨간색이다. 그 사이의 무지개 같은 색들을 우리는 눈으로 본다. 그러나 이 범위 바깥에도 빛은 존재한다. 400보다 짧은 파장을 자외선, 700보다 긴 파장의 적외선이라고 한다. 하지만 우리는 이 빛들을 볼 수 없다. 본 적도 없고 심지어 상상할 수도 없다.

자외선을 보는 동물들은 어떤 세계를 볼까? 우리는 정확히 알 수

자외선을 보는 동물의 세상은
이처럼 보라색의 필터를 활용해
세상을 보는듯 묘사된다

없다. 그들이 보는 색은 우리가 결코 경험할 수 없는 영역에 있기 때문이다. 마치 청각이 20킬로헤르츠 이상의 소리를 듣지 못하는 인간이 초음파를 듣는 박쥐의 세상을 상상할 수 없는 것처럼.

하지만 과학은 알려준다. 어떤 조류, 곤충, 파충류, 어류의 일부는 자외선 수용체가 있다. 즉 그들은 우리가 보는 보라색 바깥의 상상조차 못 할 색을 실제로 본다. 그래서 어떤 새는 인간의 눈에는 평범해 보여도 서로의 눈에는 완전히 다른 패턴과 색깔을 가진 화려한 모습일 수도 있다. 공작새처럼 가시광선 내에서도 화려한 종이 있다면 우리가 전혀 감지하지 못하는 '네 번째 색각'의 세계는 더더욱 다채로울 것이다.

인간이 그 세계를 이해하려고 할 때 우리는 '의인화된 색'을 사용한다. 예를 들면 블랙홀처럼 말이다. 과학자들이 만든 블랙홀의 이미지를 보면 붉게 빛나는 원형 고리가 있다. 하지만 그건 진짜 빨간색이 아니다. 그것은 적외선의 데이터를 시각화한 것일 뿐이다. 우리 눈으로 볼 수 없는 데이터를 가장 유사하게 표현한 시뮬레이션이다. 마찬가지로 자외선 세계도 우리 눈에는 표현될 수 없다.

자외선을 '보라색에 가까운 무언가'로 재현하기도 하지만 그것은 정확한 표현이 아니다. 인간의 뇌와 눈 구조로는 자외선의 색이 무엇인지 어떤 느낌인지 알 수 없다. 그래서 우리는 모른다. 자외선을 보는 세계가 어떤지. 다만 그 세계가 우리와는 전혀 다른 감각 질서를 가졌다는 것만은 분명하다.

실제로 이 시각적 차이는 생존에 직결되기도 한다. 한국에서만 매년 850만 마리 이상의 새들이 유리창에 부딪혀 죽는다. 대부분은 고층 건물의 유리창이나 고가도로 방음벽 등 투명한 구조물 때문이다. 인간의 눈에는 그냥 있다고 느껴지는 유리지만 새의 눈에는 자외선 반사가 없으면 투명한 하늘처럼 보일 수 있다. 즉 없는 것처럼 느껴지는 것이다.

이 문제를 해결하기 위해 사람들은 독수리 모양의 검은 그림자 혹은 무서운 새 실루엣 같은 스티커를 붙이기도 하지만 대부분 효과가 없다. 왜냐하면 그것은 인간 중심의 시각이었기 때문이다. 새들은 그 그림자를 위협으로 인식하지 않는다.

자외선의 반사로 사물을 인지하는 새. 이에 유리는 그저 투명한 하늘처럼 느껴진다

정작 효과적인 방법은 의외로 단순했다. 10센티미터 곱하기 5센티미터 간격으로 점을 찍는 것만으로도 새들은 장애물이 있다는 걸 인식하게 된다. 또 하나는 자외선 코팅 필름을 창문에 입히는 것이다. 인간은 보지 못하지만 새에게는 창이 명확하게 보이기 때문에 부딪히지 않게 된다.

이 작은 기술 하나로 매년 수백만 마리의 새를 구할 수 있다. 단지 그들이 우리보다 더 많은 색을 본다는 사실을 인정할 때 가능한 일이다.

눈의 진화 과정

처음 생명이 '빛'을 느꼈던 순간을 상상해본다. 그것은 아마 아주 단순한 반응이었다. 마치 미생물이 빛이 있는 쪽으로 몸을 틀듯 생명은 존재와 부재라는 이분법 속에서 반응했을 것이다.

"여긴 밝아."
"저긴 어두워."

이 정도의 반응만으로도 생명은 큰 진보를 이룬 셈이었다.

단세포 생명체에서 다세포 생명체로 발전하면서 점점 더 많은 점에서 빛을 감지할 수 있게 되었고, 그 감지의 결과를 통합해 방향성을 추측하기 시작했다. 그런데 어느 순간 진화의 우연과 필연이 교차하며 오목한 형태의 빛 수용 구조가 탄생했다.

이 오목한 구조는 단순한 감각 이상이었다. 그것은 방향을 알려주었고 그 방향은 곧 생존의 기준이 되었다.

"빛이 저기서 오니까 위험도 저쪽에서 올 수 있어."

그런 인식이 가능해진 것이다. 하지만 문제는 있었다. 오목하게 들어간 이 구조는 빛을 모으긴 했지만 초점을 맞추지 못했다. 그냥 밝음의 방향만 감지할 수 있었을 뿐 그것이 무엇인지, 어떻게 생겼는지, 얼마나 빠르게 다가오는지는 알 수 없었다.

그래서 생명은 또 한 번 진화의 방향을 바꾼다. 오목한 구조에 작은 구멍 마치 카메라의 조리개 같은 구멍을 만들어 들어오는 빛의 양

눈이 생기면서부터 생명은 어디로 향할지 결정할 수 있음과 동시에 삶의 목표와 의지를 가지게 됐다

을 줄이기 시작한 것이다. 그러자 초점이 맞기 시작했다. 흐릿한 형체가 선명해졌고 물체의 경계가 나타났다. 그 순간부터 생명은 더 이상 빛이 있다는 사실만 아는 것이 아니라 '저기 무언가 있다'는 존재감을 인식할 수 있게 된다.

이후 렌즈 같은 구조가 나타나고 조리개처럼 광량을 조절하는 기능도 생겼다. 그렇게 해서 지금 우리가 아는 카메라형 눈이 등장한 것이다. 그 시작은 고작 5억 년 전이다. 우주 나이에서 보면 찰나에 불과한 시점이다.

눈이 생기기 전의 생명은 삶의 목표가 없었다. 그저 물속을 둥둥 떠다니며 입에 들어오는 것을 삼키고 피하려면 피하고 마주치면 끝이었다. 의지와 목표 없이 생존만이 전부였던 시간이었다. 하지만 눈이 생기면서부터 생명은 어디로 향할지 결정할 수 있게 되었다. 시각은 단지 정보를 받아들이는 기관이 아니라 방향과 의지를 만드는 감각이 되었다.

    삼엽충은 그 시기의 대표주자였다. 그들의 눈은 돌로 만들어졌다. 방해석, 일종의 결정체로 구성된 이 눈은 빛을 투과시켜 수용체에 도달하게 했다. 그러나 이 눈은 보는 것보다는 감지에 가까웠다. '누군가 지나간다'는 정도만 알 수 있을 뿐 구체적인 형체나 거리 색상은 감지할 수 없었다.
    그에 비해 곤충들의 겹눈은 한 단계 더 나아간다. 작은 렌즈들이 수없이 모여 있는 이 구조는 정밀한 이미지보다는 움직임과 속도에 민감하다. 겹눈은 본다기보다는 '변화를 추적'하는 것이다.

    그래서 파리 같은 곤충은 느리게 움직이는 물체를 잘 보지 못하지만 손이 스치는 찰나의 그림자에도 반응해 날아오른다. 그들의 눈은 생존에 최적화된 감각 장치이지 해상도가 높은 영상장치는 아니다.

    인간의 눈은 이 모든 진화의 결정체다. 우리가 빛을 느끼고 방향을 인식하고 초점을 맞추고 색을 구별하며 감정을 읽을 수 있게 된 건 수억 년 전 오목한 빛 감지점에서부터 시작된 기나긴 여정 덕분이다.

    눈은 단순한 기관이 아니다. 그것은 생명이 자기 삶을 선택하기 시작한 순간의 흔적이다.

눈은
왜 이렇게 생겼을까?

눈동자의 모양이 생존을 결정짓는다는 사실을 처음 들었을 때는 의아했다. 우리는 흔히 동공이 둥글다고 생각한다. 하지만 세상은 생각보다 더 정교하게 구성되어 있다. 예를 들어 염소를 보자. 그들의 동공은 네모난 모양이다. 눈은 양쪽으로 붙어 있고 시야는 수평으로 넓게 퍼져 있다. 왜 그럴까?

염소는 사냥꾼이 아니다. 도망쳐야 하는 동물이다. 그들의 임무는 단순하다. 조용히 풀을 뜯고 주변의 움직임에 민감하게 반응하여 위험을 감지하는 것이다. 그들에게 중요한 건 초점이 아니다. 전체적인 시야다. 어디서 갑자기 무언가 튀어나오지는 않는지, 주변 풍경이 바뀌지는 않았는지, 그것만 알면 된다.

그래서 염소의 동공은 수평으로 넓게 퍼진 네모다. 네모난 동공은 광각 시야를 만들어준다. 말 그대로 좌우의 풍경 전체를 감시하는 감각장치다. 사냥꾼을 피하는 데 있어 최고의 형태다. 이는 진화가 염소에게 내려준 전략이었다.

반면 세로로 긴 동공을 가진 동물들이 있다. 대표적으로 고양이, 뱀, 악어 같은 포식자들이다. 그들의 눈은 언제나 정밀하다. 왜냐하면 그들은 공격자이기 때문이다.

포식자는 한 번의 공격에 모든 것을 건다. 실패하면 기회를 잃는다. 다시 힘을 모으기까지 시간이 필요하다. 햇빛을 받으며 오랜 시간

인간의 눈은 여러 생물중 가장 중립적이면서 복합적이다.
사냥꾼이자 사냥감이었던 인간은 포식자이면서 감성적인 존재로 진화했다

회복하는 악어처럼 말이다. 그러니 그들에게는 무엇보다 정확한 거리 판단, 초점 조절, 빛의 세기 제어가 중요하다. 세로 동공은 그 목적에 특화된 형태다. 아주 좁은 빛의 영역을 활용해 정밀한 깊이 인식을 가능하게 한다. 그래서 대부분의 야행성 포식자들이 세로 동공을 갖고 있다.

그러면 인간은?

인간의 동공은 둥글다. 인간은 걱정이 없는 동물이었다기보다 사냥꾼이자 사냥감이었던 이중적인 존재였다. 하지만 점차 도구를 사용하고 무리를 이루고 불을 다루면서 인간은 최상위 포식자로 진화했다. 그리고 그 과정에서 낮 동안 시야를 확보하는 것이 중요해졌다. 둥

근 동공은 밝은 곳에서 빛을 고르게 받아들인다. 세로로 얇아지지 않기 때문에 야간보다 주간 활동에 더 적합하다.

그래서 인간은 고양이처럼 밤을 뚫고 보지는 못하지만 대신 넓고 선명한 주간 시야를 확보했다. 우리의 눈은 주변의 색을 읽고 감정을 해석하고 미묘한 움직임을 포착하는 데 적합하다. 말하자면 인간은 포식자이면서도 감성적인 존재로 진화한 셈이다.

또 한 가지 흥미로운 예가 있다. 바로 초승달형 동공을 가진 물속의 생물들이다. 물속은 빛이 다르게 굴절된다. 공기 중에서 보던 형태와는 전혀 다른 왜곡이 생긴다. 나뭇가지를 겨누고 거기에 붙은 곤충을 정확히 조준하기 위해서는 빛의 굴절을 보정할 수 있는 눈이 필요하다. 그래서 그들은 초승달 모양의 동공을 진화시켰다. 그 구조는 왜곡된 세상을 정확히 맞춰주는 일종의 자연 광학 기기다.

이 모든 눈의 모양은 단지 생김새가 아니다. 그것은 그 생물이 보는 세계와 살아가는 전략을 고스란히 담고 있다. 염소의 눈으로는 절대 호랑이의 세계를 이해할 수 없고 악어의 눈으로는 사람의 눈빛을 읽을 수 없다.

그리고 인간의 눈은 그 중에서도 가장 중립적이면서도 가장 복합적이다. 감정을 읽고 색을 구분하며 시선을 통해 생각을 나누고 무엇보다 선택할 수 있는 존재가 되었다.

Part. 4
지구 밖 생명의 가능성:
우리는 혼자가 아니다

14

드넓은 우주는 생명으로 가득할텐데, 왜 우리만 홀로 존재하는가:
외계문명

**외계 문명이
존재할까?**

우주를 처음으로 올려다보며 별들의 바다를 바라보았던 날을 아직도 생생하게 기억한다. 어린 내 머릿속에 떠오른 첫 번째 질문은 단순했다.

> "저 수많은 별들 중 어딘가에
> 우리와 같은 생명체가 살고 있을까?"

그 후로 수십 년이 흘렀지만 이 질문은 여전히 내 가슴속 깊은 곳에서 꿈틀대며 살아 있다. 시간이 흐르며 나는 그 질문에 대한 답을 찾기 위해 과학적 탐구에 몰입하기 시작했고 외계 문명의 존재 여부와

인간은 하늘을 올려다보며,
우주를 품기 시작했다.
여전히 밝혀지지않은 사실이 많지만,
우주는 언제나 인간에게 신호를 보내고 있다

그것을 둘러싼 흥미로운 이야기들을 하나둘씩 알게 되었다.

　외계 문명의 존재 가능성에 관한 질문에 답하기 위한 수학적 접근 중 가장 유명한 것이 바로 '드레이크 방정식'이다. 이 방정식은 우주에 존재하는 별의 수, 그 별들 중 행성을 가진 비율, 그 행성들 중 생명체가 존재할 수 있는 환경의 비율, 그 중에서도 지적 생명체가 등장할 가능성 등 여러 가지 요소를 곱해 지적 생명체가 존재할 확률을 구하는 방법이다. 단지 확률적 접근이지만 이 드레이크 방정식을 통해 내가 얻은 확신은 매우 컸다.

> "우주가 이렇게나 광대하다면
> 우리만 존재할 가능성은 사실상 0에 가깝다."

우리 은하에만도 수천억 개의 별이 존재하고 우리가 관찰 가능한 우주 전체로는 셀 수 없이 많은 별과 행성들이 존재한다. 그런 거대한 숫자 속에서 생명이 존재하는 행성이 단지 지구 하나뿐이라는 생각은 논리적으로 거의 불가능하다. 오히려 외계 문명이 존재할 확률은 사실상 1, 즉 100퍼센트에 가깝다. 단지 우리가 아직 어쩌면 앞으로도 영원히 만나지 못했을 뿐이다.

인류가 외계문명과
접촉하지 못하는 이유

별이 쏟아질 듯이 가득한 밤하늘을 처음 올려다보았던 그날을 떠올리면 나는 아직도 가슴 한편이 아련해진다. 어릴 적 막연히 우주 저 너머를 상상하면서 그 무한한 세계에 대한 기대와 호기심을 품었던 기억이 난다. 당시의 나는 밤하늘을 바라보며 순진한 질문을 했다.

> "이 광활한 우주에 우리만 존재하는 걸까?
> 다른 누군가는 없을까?"

시간이 흘러 어른이 된 지금 이 질문은 그때보다 훨씬 더 깊고 복잡한 것으로 바뀌었다. 이제는 단순한 상상이 아니라 인류 전체가 끊임없이 고민하는 문제 중 하나가 되었다. 외계 생명체 혹은 우리와 같은 지적 생명체가 과연 존재할까? 그리고 만약 존재한다면 우리는 왜 아직 그들을 만나지 못했을까?

이 질문은 사실 이미 과학계에서도 오래된 역설로 자리 잡았다. 그것이 바로 페르미의 역설이다. 1950년 물리학자 엔리코 페르미는 친구들과 함께 점심을 먹던 중 갑자기 이 질문을 던졌다.

"그들이 정말 존재한다면 모두 어디에 있는 거지?"

페르미의 질문은 너무 단순했지만 동시에 너무나도 강력했다. 우주가 이렇게나 크고 별들이 수없이 많은데 왜 우리는 단 한 번도 외계 문명의 흔적을 찾지 못했는가 하는 문제였다.

따지고 보면 가장 가까운 천체인 달에 발을 디딘 인간은 겨우 열두 명에 불과하다. 빛의 속도로 고작 1.26초 정도면 닿을 수 있는 거리임에도 불구하고 여전히 달은 인간에게는 멀고 낯선 세계로 남아 있다. 화성은 어떠한가? 우리는 매일같이 화성 탐사와 관련된 뉴스와 소식을 듣지만 정작 화성의 땅을 밟아본 사람은 아직 아무도 없다. 지구에서 가장 가까울 때도 빛의 속도로 약 3분 2초 정도 걸리는 화성에 가기 위해서는 엄청난 시간이 필요하다. 게다가 화성과 지구의 공전 주기가 달라서 돌아올 때까지 기다리는 데만 수년이 걸릴 수도 있다.

이렇듯 우주 공간은 인간의 상상을 초월할 정도로 넓다. 지구에서 가장 가까운 별인 태양까지 빛이 도달하는 데도 약 8분 19초 정도

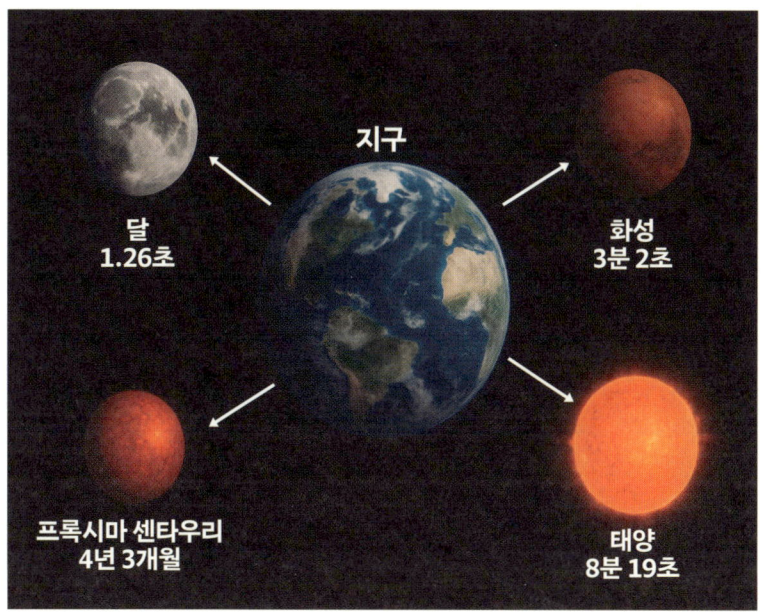

걸린다. 태양 다음으로 가까운 별인 프록시마 센타우리까지는 빛의 속도로도 4년 3개월이 걸린다. 이 거리를 현재의 기술로 간다면 아폴로 11호로 약 75만 년이 걸릴 것이다. 이것은 사실상 영원에 가까운 시간이다.

게다가 더 큰 문제는 시간만이 아니다. 만약 우리가 유인 우주선을 프록시마 센타우리까지 보내려면 지구 전체의 에너지를 모두 쏟아부어야 한다고 한다. 다시 말해 인류 문명 전체를 파산시킬 만큼의 에너지가 필요한 셈이다. 이런 이유로 물리적으로나 정치적으로 우리는 외계 문명을 만나는 것이 불가능한 상황이다. 아무리 기술이 발전한다 해도 빛의 속도를 넘어서지 못하는 이상 이 장벽을 뛰어넘는 것은 근본적으로 어렵다.

그러나 외계 문명이 존재한다는 확신 자체는 강하게 느껴진다. 그것은 단지 과학자들의 직관이나 상상에 의존한 것이 아니라 통계적인 이유 때문이기도 하다. 최근 과학자들은 '외계 행성'이라는 개념을 진지하게 연구하고 있다. 과거에는 외계 행성이 존재하는지조차 알 수 없었다. 행성은 별과 달리 자체적인 빛을 발하지 않기 때문이다. 기껏해야 아주 미세하게 별 앞을 지나가면서 별빛을 가리는 방식으로 존재 여부를 간접적으로만 알 수 있을 뿐이었다.

하지만 현대의 발전된 기술로 인해 최근 몇 년 사이에 수천 개의 외계 행성을 찾아냈다. 공식적으로 확인된 외계 행성의 수는 벌써 2025년 6월 기준 3,784개를 넘어섰다. 그중에서도 과학자들의 관심을 끄는 슈퍼 지구, 즉 '지구형 행성'이 몇몇 발견되었는데 대표적인 것이 지구에서 약 16광년 떨어진 적색왜성 '글리제 832' 주위를 돌고 있는 '글리제 832c'이다.

글리제 832c는 지름이 지구의 약 1.7배, 질량이 다섯 배 정도 되는 행성으로 표면 온도는 평균 영하 20도 정도이다. 인간이 살기에 완벽하진 않지만 그래도 생명체가 살 가능성 정도는 있어 보인다. 문제는 이 행성이 별과 너무 가깝다는 점이다. 지구와 태양의 거리를 1AU라고 했을 때 글리제 832c는 겨우 0.16AU의 거리에 위치하고 있다. 이렇게 별과 가까우면 밀물과 썰물의 차이가 극단적으로 커져서 생명체가 정착하기 힘들다. 게다가 '골디락스 존 Goldilocks Zone'이라고 하는 생명체가 존재하기 적합한 위치의 가장자리에 있기 때문에 환경 조건이

글리제 832c는 지구에서 약 16광년 떨어진 적색왜성으로 지구외에 생명을 품을 가능성이 있는 슈퍼지구로 알려져있다

매우 까다롭다.

현재까지 발견된 외계 행성 중 우리가 자신 있게 지구와 같은 지적 생명체가 살고 있다고 말할 수 있는 행성은 아직 단 하나도 없다. 많은 별과 행성들을 발견했지만 여전히 생명체 존재의 확신을 주는 행성은 찾지 못한 것이다.

그럼에도 우리는 계속해서 SETI Search for Extra-Terrestrial Intelligence 프로젝트와 같은 프로그램을 통해 지구 밖 지적 생명체가 보내는 신호를 기다리고 있다. 수십 년 전 보이저 탐사선에 실린 황금 원반처럼 우리는 우주를 향해 우리의 존재를 알리고 언젠가는 그들이 우리 신호를 받기를 희망한다. 우리가 보낸 메시지에는 이진법, DNA, RNA와 같은 기본적인 생명 정보를 담고 있고 지구의 위치도 표시되어 있다. 이것은 언젠가 먼 미래에 우리의 후손이 아닌 누군가 혹은 지구 너머의 누군가가 우리의 존재를 발견하고 소통하기를 바라는 인류의 진지한 꿈이다.

결국 페르미의 역설이 의미하는 바는 광대한 우주 어딘가에는 분명히 우리와 같은 지적 생명체가 존재하겠지만 우리가 그들과 만나는 것은 현실적으로 너무나 어려운 일이라는 것이다. 우리의 기술과 에너지 자원 그리고 무엇보다 시간의 한계로 인해 결국 외계 문명과의 만남은 꿈으로만 남아 있을지도 모른다.

외계 행성,
아직 인류의 문명만큼
도달하지 못했을 것이다?

우리가 살아가는 이 지구가 태어나기까지 걸린 시간은 46억 년이 넘는다. 우주가 탄생한 순간, 즉 빅뱅 이후 무려 138억 년의 세월 중에 지구는 그 절반도 안 되는 비교적 최근에 만들어진 행성이다. 하지만 그렇다고 해서 우리가 속한 태양계와 우리 은하가 특별히 빠르거나 느리게 탄생했다고 확신할 수는 없다. 그저 수많은 은하와 별들의 탄생 사이에서 우리 은하는 비교적 이른 시기에 형성되었을 뿐이다.

우리 은하 속에는 약 3천억 개의 별들이 있다. 그 많은 별들 중에는 분명히 우리와 비슷한 과정을 거쳐 행성과 생명이 탄생한 곳도 있을 것이다. 지구가 태어나고 단순한 생명체가 출현하고 그 단순한 생명체들이 점점 더 복잡한 형태로 진화하는 과정은 수십억 년이라는 긴 세월을 거쳐 이루어진 것이지만 이 시간표가 모든 곳에서 동일할 이유는 없다.

진화라는 현상은 언제나 우연을 바탕으로 이루어진다. 만약 우주를 다시 시작한다면 똑같은 행성에서조차 같은 생명체가 등장할 거라는 보장은 없다. 진화는 일정한 목적이나 필연적인 원칙에 따라 일어나는 것이 아니라 환경과 돌연변이라는 무작위적인 변화가 무수히 반복되면서 나타나는 현상이다. 그러니 지구에서 인류라는 지적 생명체가 탄생한 것도 단순한 필연보다는 수많은 우연들이 맞아떨어진 결과라고 할 수 있다.

한 가지 예를 들어 보자면 지구에서 생명이 처음으로 나타난 이후에도 유성생식이라는 독특한 번식 방식이 등장하기까지는 무려 수십억 년이 걸렸다. 약 10억 년 전쯤 암컷과 수컷이라는 구분이 등장했고 이후부터 유성생식을 통해 더욱 다양하고 복잡한 형태의 생명체가 등장할 수 있었다. 이 과정에서 끊임없이 새로운 돌연변이가 생겨났고 생물들은 더욱 빠르게 환경에 적응하며 변화할 수 있었다. 유성생식이 없었다면 이처럼 빠르고 복잡한 진화는 어려웠을 것이고 따라서 지적 생명체가 등장하는 것도 훨씬 더 오랜 시간이 걸렸을 것이다.

그러나 지구의 긴 진화 과정이 우주 전체에서 특별히 빠르거나 느린 축에 속한다고 볼 근거는 없다. 어떤 행성에서는 지구보다 훨씬 빠른 시간 내에 유성생식이 등장했을 수도 있고 더 빨리 지적 생명체가 출현했을 가능성도 있다. 반대로 어떤 행성에서는 유성생식이 아주 늦게 나타나거나 안정적인 환경이 너무 오래 지속되어 굳이 복잡한 형태로 진화할 필요가 없었을지도 모른다. 즉 지구의 진화 속도는 상대적인 기준이 아니라 오로지 무작위적 우연성에 따라 결정된다고 보는 것이 더 정확하다.

생명체가 진화하는 데 있어서 환경적 조건은 매우 중요하다. 환경이 자주 바뀌고 예측 불가능할수록 생명체들은 살아남기 위해 끊임없이 변화를 모색하게 된다. 돌연변이가 더 자주 일어나고 새로운 특성의 생명체들이 등장하게 되는 것이다. 반면 안정된 환경에서는 굳이 새로운 적응이 필요 없기 때문에 진화가 정체될 수도 있다.

지구의 경우는 우연히도 극단적인 환경 변화가 반복되었고 그 덕분에 다양한 생명체가 등장하고 진화할 수 있었다. 빙하기와 같은 극단적인 기후변화, 대륙의 이동과 충돌, 심지어 소행성 충돌과 같은 대격변까지 이 모든 사건들이 복잡한 생명체들이 출현할 수 있는 기반을 마련했다.

진화는 항상 단순한 것에서 복잡한 것으로 나아가는 과정을 거친다. 처음부터 복잡한 생명체가 탄생하는 법은 없다. 지구에서도 초기 생명체는 극도로 단순한 형태로 존재했다. 단순한 세균과 단세포 생물이 수십억 년의 시간을 거쳐서야 더 복잡한 형태로 진화할 수 있었다. 이 과정에서 유성생식이라는 우연한 사건은 그 진화를 폭발적으로 가속화했다.

스티븐 제이 굴드 같은 생물학자들은 "만약 지구의 진화를 처음

흰색 털을 지닌 남아프리카의 백사자는 백변증에 의한 일종의 돌연변이라고 할 수 있다

부터 다시 시작한다고 하더라도 인류가 등장하는 것은 결코 보장되지 않는다"고 했다. 인간의 출현은 지극히 우연한 사건들의 연속이었고 만약 그중 하나라도 달라졌다면 지금과 같은 결과는 나오지 않았을 것이다. 인류라는 존재가 지금의 모습으로 지구상에 출현한 것은 기적과도 같은 우연의 연속이었다.

결국 우리가 속한 지구와 인류의 존재는 수많은 우연과 돌연변이의 결과이다. 우주 어딘가 다른 행성에서도 비슷한 우연이 일어나 지적 생명체가 탄생했을 수 있지만 그들의 모습이 우리와 비슷할지는 전혀 알 수 없다. 그리고 그들이 언제쯤 등장했는지도 우리가 예측할 수 없는 부분이다. 이미 멸종했을 수도 있고 이제 막 단세포에서 복잡한 생물로 넘어가고 있는 단계일 수도 있다.

인류는 어떻게
문명을 발전시켰을까?

역사의 흐름을 찬찬히 되짚어 보면 우리 인류는 정말이지 '운이 좋았다'는 말밖에 나오지 않는다.

30만 년 전 호모 사피엔스가 등장했다. 그리고 그때의 인간이나 지금 이 순간을 살아가는 나나 뇌의 크기나 구조는 거의 다르지 않다. 그저 같은 두개골 안에 같은 크기의 뇌가 있을 뿐이다. 그럼에도 불구하고 우리의 조상들은 약 29만 년이라는 긴 시간 동안 별다른 문명적 진보 없이 수렵과 채집을 하며 살아갔다. 불을 사용하고 도구를 만들기는 했지만 그들은 여전히 날마다 굶주림과 사냥 실패의 위험 속에서 살았다. 말하자면 두뇌는 똑같았지만 그것을 사용할 기회가 없었던 셈이다.

그러던 중 기후에 변화가 찾아왔다. 지금으로부터 약 1만 2천 년 전 지구의 평균 기온이 약 4도 가량 상승했다. 그 변화는 인류에게 결정적인 전환점을 가져다주었다. 농사가 가능해졌기 때문이다. 이전까지는 계절이 불안정하고 기온이 낮아 식물 재배가 어려웠다. 땅은 척박했고 날씨는 예측 불가능했다. 하지만 기온이 상승하면서 비로소 계절 주기가 안정되었고 강가나 비옥한 땅에서 작물을 재배할 수 있게 되었다.

그때부터 인간은 농사를 짓기 시작했다. 놀랍게도 이것은 지적 능력의 결과라기보다는 기후라는 외부 조건이 바뀌었기 때문에 가능했던 일이었다. 어떤 사람들은 이것이 문명의 시작이라고 말하지만 나는 오히려 이것이 인간 삶의 '균열'이 시작된 시점이라고도 느낀다. 왜냐하면 농사는 단지 식량을 안정적으로 얻을 수 있게 해준 것에 그치지 않고 인간 사회의 구조를 완전히 바꿔버렸기 때문이다.

수렵과 채집의 시대에는 빈부 격차라는 것이 존재할 수 없었다. 먹을 것을 저장할 수 없기 때문이다. 고기를 많이 잡은 사람이 그것을 독차지하려 해도 썩어버리면 의미가 없다. 결국 모두가 나눠야 하고 모두가 함께 살아야 했다. 그 세계에서는 협력이 곧 생존이었다. 하지만 농사는 달랐다. 곡식을 저장할 수 있게 되자 사람들 사이에 차이가 생겼다. 어떤 이는 더 넓은 땅을 차지했고 어떤 이는 더 많은 곡식을 저장했다. '빈부'라는 개념이 처음으로 생겨났다.

이 격차는 곧 '계급'으로 이어졌다. 더 많은 것을 가진 사람은 더 많은 권력을 가졌고 그 권력은 다른 사람들을 지배하기 위한 체계를 만들었다. 노동의 분화도 시작되었다. 누군가는 땅을 갈고 누군가는 곡식을 거두었으며 또 누군가는 관리하고 기록하고 계산하는 일을 맡았다. 그렇게 인간은 점차 '전문성'이라는 것을 갖추기 시작했고 다양한 분야의 역할이 생겨났다. 그 전문성의 집합이 바로 문명이었다.

그렇다면 이런 일이 꼭 일어나야만 했을까? 인간은 반드시 농사를 지어야만 문명을 이룩할 수 있었던 걸까? 나는 그럴 필요는 없었다고 생각한다. 우리가 살아가는 방식은 결국 환경의 산물이었다. 만약 지구의 기온이 올라가지 않았다면? 만약 여전히 수렵과 채집만이 가능한 환경이었다면? 우리는 지금도 작고 유목적인 공동체 안에서 사

인류는 기후 변화로 인해 농사가 가능해지며, 이른바 '문명'의 시작을 가능케 하고 나아가 인간 사회의 구조를 완전히 바꿔버리게 된다.

냥을 나가고 계절을 따라 이동하며 살아가고 있었을지 모른다. 오늘 아침에도 나는 들판을 달리며 사슴을 쫓고 있었을지 모르고 저녁이면 불가에 둘러앉아 누가 오늘 가장 많은 열매를 땄는지를 이야기하며 웃고 있었을 것이다.

그렇다면 문명이라는 것은 인간의 본능이나 필연이 아니라 오히려 기회였을지도 모른다. 어쩌면 사건에 가까운 것이었는지도 모른다. 그리고 이 생각은 외계 생명체에 대한 상상으로도 이어진다.

지구 외의 어떤 행성에 생명체가 존재한다고 상상해보자. 그들도 우리처럼 진화했고 지적 능력을 가졌다고 하자. 하지만 그들이 반드시 농사를 지었을까? 그들도 곡식을 저장하며 계급을 나누고 사회를 조직하고 기계를 만들며 문명을 발전시켰을까? 나는 꼭 그렇지는 않다고 생각한다. 그들에게는 농사를 지을 필요가 없는 환경이었을 수도 있다. 먹을 것이 넉넉했고 기후는 온화했으며 자연은 언제나 그들에게 충분한 자원을 제공했을지도 모른다. 그렇다면 그들은 굳이 저장하고 싸우고 계급을 만들 이유가 없었을 것이다.

만약 그렇다면 그 외계 생명체는 수십만 년 동안 평화롭게 수렵과 채집을 하며 협력과 나눔을 중심으로 살아가고 있을지도 모른다. 그들에게 문명이란 개념은 우리가 정의하는 그것과는 전혀 다른 모습일 것이다. 우리가 말하는 기계 문명이나 기술 발전은 그들의 삶에 필요하지 않을 수 있다. 그런 외계 생명체와 우리가 조우한다면 어쩌면 우리는 '문명이 있다'고 생각하지 않고 지나칠지도 모른다. 그들은 말을 하거나 도시를 만들지 않을지도 모르지만 인간보다 더 오랜 시간 동안 평화와 균형을 유지하며 살아가고 있을지도 모른다.

지구에는 언제
물이 생겼을까?

지구상의 모든 생명체는 물을 필요로 한다. 생명을 정의하려는 모든 시도는 결국 '물이 있는가'라는 질문으로 귀결된다. 그만큼 물은 생명의 본질이자 최소 조건이다.

"그렇다면 이 물은 어디서 왔을까?"

과학자들은 지구의 물이 원래부터 여기에 있었던 것이 아니라 외부에서 날아온 것이라고 말한다. 그 외부란 곧 혜성과 소행성이다. 얼음과 먼지 암석으로 이루어진 작은 천체. 혜성은 원래 아주 멀리 있다가 태양의 중력에 이끌려 수십 년 혹은 수백 년 주기로 태양계 안쪽으로 다가온다. 태양에 가까워지면 그 뜨거운 열에 의해 얼음이 증발하고 그때 만들어지는 것이 바로 우리가 보는 혜성의 꼬리다. 그 꼬리는 언제나 태양의 반대편을 향하고 있는데 돌아갈 때는 오히려 혜성의 앞에 꼬리가 생기기도 한다.

지금은 혜성을 몇 년에 한 번쯤 볼 수 있지만 지구가 막 태어났던 초기에는 상황이 달랐다. 당시 태양계는 마치 무정부 상태처럼 혼란스러웠다. 수많은 부유 물질과 혜성들이 서로 충돌하고 흩어지고 뭉쳐지면서 행성이라는 구조가 서서히 만들어졌고, 그 과정에서 지구는 수없이 많은 혜성과 소행성이 충돌했다. 그 혜성과 소행성들이 지구에게 물을 안겨준 것이다. 그때 충돌이 없었다면 바다도 생명도 지금의 우리도 없었을 것이다.

하지만 그 많은 혜성과 소행성들은 왜 하필 지구에만 물을 남긴 걸까? 같은 태양계를 돌고 있는 수성, 금성, 화성도 분명 비슷한 충돌을 겪었을 텐데 왜 그 행성들에는 바다가 없을까? 이 질문에 답하려면 각 행성의 조건을 들여다봐야 한다.

수많은 혜성과 소행성이
행성과 충돌하면서 생긴 여파로
지금의 물이 생겼을
가능성이 크다

    수성은 태양과 너무 가깝다. 기온이 평균 400도에서 500도까지 치솟는 이 작고 불쌍한 행성은 설령 물이 들어왔다 해도 순식간에 끓어 증발해버렸을 것이다. 게다가 워낙 작아서 중력이 약해서 물 분자가 대기를 탈출하는 데 아무런 제약이 없다. 그렇게 물은 흔적도 없이 우주로 날아가버렸을 것이다.

    금성은 조금 다르다. 수성보다는 크고 중력도 지구보다 약간 작을 뿐이다. 그러나 이곳도 온도가 문제다. 477도라는 지독한 열기 속에서 물은 존재할 수 없다. 금성의 대기는 대부분 이산화탄소로 이루어져 있고 그 안에는 수증기가 잔뜩 포함되어 있다. 그리고 이 수증기는 강력한 온실 효과를 일으키며 금성을 압도적인 지옥으로 만들었다. 수증기는 이산화탄소보다 훨씬 강력한 온실가스다. 물이 있었다면 지금은 모두 대기 속에 떠돌고 있을 것이다.

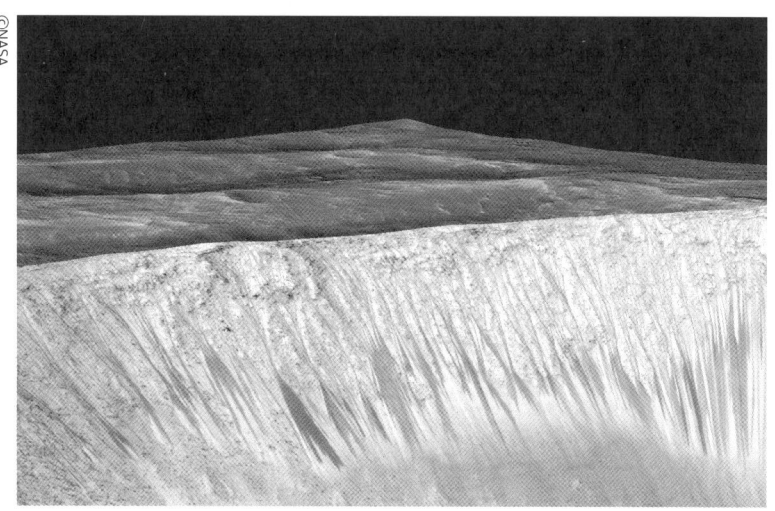

화성 가르니 분화구에서 발견된 '반복 경사선(Recurring Slope Lineae, RSL).
이같은 줄무늬는 물이 흐르는 증거로 여겨졌으나,
최근 건식 과정에서 먼지나 모래의 흐름에 따른 현상이란 연구 결과가 발표됐다

그렇다면 화성은 어떤가? 지구와 비교적 닮은 점이 많은 이 붉은 행성은 지금은 물이 없지만 과거에는 분명 바다가 있었던 흔적이 곳곳에서 발견된다. 그럼 왜 지금은 없을까?

차이는 바로 자기장에 있었다. 지구는 식지 않았다. 내부에는 아직도 뜨거운 금속이 흐르고 있고 외핵은 액체 상태로 존재한다. 이 액체 금속이 회전하며 지구 전체에 자기장을 만들어낸다. 이 자기장은 마치 보이지 않는 방패처럼 우주에서 날아오는 태양풍으로부터 지구를 지켜준다. 태양풍은 매우 강력한 입자들이고 이 입자들이 직접 지표면에 닿으면 대기와 물을 쪼개버린다.

화성은 일찌감치 식어버렸다. 자기장을 만들 내핵과 회전하는 외핵도 존재하지 않는다. 그래서 화성은 태양풍에 무방비로 노출되었고 물은 수소와 산소로 쪼개졌다. 수소는 가벼워서 우주로 날아갔고 산소는 화성의 철분과 결합해 녹을 형성했다. 그래서 화성은 붉은색을 띠게 되었다. 결국 화성의 바다는 사라지고 말았다.

지구는 달랐다. 태양과 적당한 거리 덕분에 물이 모두 증발하지 않았고 자기장은 태양풍으로부터 지구를 지켰다. 이 두 가지가 맞물리며 지구는 수십억 년 동안 액체 상태의 물을 간직할 수 있었던 것이다. 바로 이 조건 덕분에 생명이 탄생할 수 있었다.

우리는 이와 같은 기적을 '골디락스 존'이라 부른다. 너무 뜨겁거나 차갑지 않은, 생명체에게 딱 좋은 거리. 지구와 화성 사이에 존재하는 이 거리 덕분에 지구는 살아남았고 지금도 수많은 생명체들이 이곳에서 숨을 쉬며 살아가고 있다.

그렇기에 과학자들은 지금도 끊임없이 화성을 탐사한다. 더 이상 생명이 존재하지 않더라도 과거의 흔적은 남아 있을 수 있다. 박테리아가 남긴 단백질, DNA, RNA 같은 분자가 어딘가 땅속 깊은 곳에서 잠들어 있을지도 모른다. 그것만 찾을 수 있다면 우리는 지구 너머에도 생명의 씨앗이 존재했음을 확인할 수 있을 것이다. 그리고 그 발견은 인류가 스스로를 이해하는 방식 자체를 바꿔 놓을지도 모른다.

물 없이도 살 수 있는 생물은 없을까?

겉으로 보면 물은 그저 흔한 액체일 뿐이다. 투명무취이며 아무 맛도 없다. 하지만 알고 보면 이 물이야말로 생명의 무대이고 생명을 가능케 한 유일한 용매다. 우리는 이 사실을 알고 있지만 동시에 얼마나 깊이 실감하며 살아가는지는 잘 모르겠다. 나도 그랬다. 과학 책이나 다큐멘터리에서 수없이 봤던 "물은 생명에 필수적이다"라는 문장은 너무도 익숙했다. 하지만 어느 날 나는 그 당연한 문장을 다시 곱씹다가 그 안에 담긴 어마어마한 의미를 비로소 이해하게 되었다.

지구라는 행성의 표면은 70퍼센트가 바다로 덮여 있다. 하지만 아이러니하게도 진짜 흥미로운 생명의 흔적은 종종 물이 없을 것 같은 곳에서 발견된다. 마른 사막의 균열진 틈 사이, 깊은 화산 주변의 지하, 심지어 고열과 압력에 노출된 암석 깊은 곳에서도 박테리아가 살아있다. 그래서 사람들은 말한다. '물이 없어도 생명은 존재할 수 있지 않을까?' 하지만 그건 반쯤만 맞는 말이다.

정확히 말하면 '겉보기에는' 물이 없어 보여도 그 생명체 내부에는 반드시 물이 존재한다. 따라서 우리가 아는 방식으로의 생명은 물 없이는 존재할 수 없다. 그건 단순한 믿음이 아니라 화학의 원리다.

모든 생명체는 유전 정보를 가진다. DNA와 RNA 이 복잡한 고분자 사슬은 그 자체로 생명의 설계도이자 후손에게 전달할 지침서이다. 그런데 이 사슬들이 정보로 기능하기 위해서는 그 사이를 잇는 수

물은 생명을 가능하게 하는 유일한
용매로 산소(O) 1개와 수소(H) 2개가
연결된 단순한 구조다

많은 반응들이 필요하고 그 반응은 모두 물속에서 일어난다. 단백질도 마찬가지다. 몸을 구성하는 단백질, 호르몬, 효소 그 무엇이든 물이라는 용매에 녹아야만 작동할 수 있다.

왜 하필 물이어야 할까? 그것은 물이라는 분자의 독특한 구조 때문이다. 산소 한 개, 수소 두 개가 연결된 단순한 구조지만 그 결합각과 전기적 성질 때문에 물은 극성을 띤다. 이 극성 덕분에 수많은 이온과 분자들이 물 속에서 잘 풀리고 자유롭게 움직이며 서로 만나 반응할 수 있게 된다. 물이 아니었다면 지구상에 어떤 생명 반응도 그렇게 효율적으로 일어나지 않았을 것이다.

생명은 단지 화학이 아니다. 생명은 경계가 있다. 그것이 바로 세포다. 세포는 가장 기본적인 생명의 단위로 한쪽은 외부이고 한쪽은 내부이다. 이 경계를 만드는 것이 바로 세포막이다. 흥미롭게도 이 세포막은 기름 성분으로 되어 있다. 물에 녹지 않는 물질, 즉 소수성 분자들이 둥글게 뭉쳐서 물 속에 조그마한 기름 주머니를 만드는 것이다. 이 기름 주머니 속에 물과 함께 DNA, 단백질 효소 등이 들어 있다. 그렇게 생명은 물 속에 있으면서도 물과 구별되는 작은 섬처럼 존재한다. 이 경계가 없다면 생명은 그저 물속에 흩어져 존재하는 분자들의 모임일 뿐이다.

그리고 이 작은 세포들은 단지 존재하기만 하는 것이 아니다. 생명은 늘 움직인다. 생명은 번식하고 진화하며 반응하고 죽는다. 그것이 생명의 본질이다. 단세포 생물도 유전자를 복제하고 환경에 적응하고 자신의 구조를 조금씩 바꿔나간다. 다세포 생물로 오면서부터 그 움직임은 더 복잡해지고 더 정교해진다. 결국 인간에 이르러서는 생명은 의식과 사유를 가지는 경지에까지 도달했다. 그런데 이 모든 과정의 바탕에는 물이 있다.

생명은 번식한다. DNA가 복제되기 위해서는 물이 필요하다. 생명은 진화한다. 돌연변이가 일어나고 그것이 복사되고 전달되는 과정 속에도 물이 작용한다. 생명은 물질대사를 한다. 산소를 들이마시고 이산화탄소를 내보내는 모든 과정, 그 복잡한 호흡계와 소화계의 중심에도 물이 존재한다. 생명은 반응한다. 감각기관을 통해 자극을 받고 그 신호가 뉴런을 따라 전달되고 뇌에서 처리되는 모든 순간에도 물은 빠지지 않는다. 그리고 결국 생명은 죽는다. 세포막이 해체되고 안에 있던 내용물들이 물과 함께 퍼져 나가며 생명의 끝을 고한다.

물이 우주에서 가장 특이한 물질이다?

투명하고 무색무취한 그래서 자칫 무의미하게 느껴질 수도 있는 이 액체야말로 우리가 살아있다는 사실의 가장 근본적인 증거이자 생명이 작동할 수 있는 물리적 조건 그 자체라는 생각이 들었다.

물은 분자 하나로 보면 아주 간단하다. H_2O 수소 두 개, 산소 하나. 세 개의 원자가 삼각형을 이루듯 결합한 이 조그마한 분자는 단순함 속에 복잡한 성질을 품고 있다. 산소는 전자 두 개를 수소와 나눠 쓰며 결합하지만 여전히 부분적으로 '더 많은 전자를 가진' 쪽이다. 그 결과 물 분자는 극성을 띠게 된다. 말하자면 물은 한쪽은 살짝 음전하를 띠고, 다른 쪽은 살짝 양전하를 띤, 마치 자석처럼 극성이 있는 구조가 된다.

이 '극성'이야말로 물이 물답게 기능하는 이유다.

극성 덕분에 물은 자신과 같은 물 분자끼리 달라붙는다. 이를 '수소 결합'이라고 부르는데 이 결합은 매우 약하지만 동시에 무수히 많이 일어난다. 그 결과 물은 단순한 액체가 아니라 끊임없이 서로를 붙잡고 움직이는 유기적 공동체처럼 행동하게 된다. 표면 장력은 그렇게 생긴다. 우리가 컵 가장자리에 살짝 넘칠 듯 말 듯 물을 채우고도 넘치지 않는 건 물 분자들이 서로를 끌어당기고 있기 때문이다. 마치 손을 잡고 있는 사람들처럼.

이 수소 결합은 생명의 분자들과도 이어진다. DNA, RNA, 단백질 이 세 가지는 생명의 '3대 분자'라 불린다. DNA는 유전 정보를 저장하고 RNA는 그 정보를 읽으며 단백질은 그 정보를 바탕으로 생명체의 기능을 수행한다. 그런데 이 모든 분자들은 물 없이는 절대로 작동하지 않는다.

왜냐하면 그들은 작동하기 이전에 존재부터가 물에 의존하기 때문이다.

DNA 사슬은 수소 결합으로 꼬여 있고 이 결합이 적절히 끊어지고 붙는 방식으로 RNA가 만들어진다. RNA가 단백질을 번역할 때도 그 과정은 물속에서 수없이 많은 분자들과의 상호작용을 통해 이루어진다. 물은 단지 배경이 아니다. 물은 '조율자'다. 온도, 농도, 전하, 분포 이 모든 것을 물이 조정한다. 우리가 책장을 넘기듯 유전자를 읽는다는 것은 그 바탕에서 물이 매 순간 반응 조건을 맞추고 있기 때문인 것이다.

그리고 물의 능력은 생명 바깥에서도 발휘된다.

식물은 뿌리로 물을 흡수하고 수 미터 때로는 수십 미터까지 물을 끌어올린다. 그게 가능한 건 '모세관 현상' 때문이다. 식물의 가느다란 통로 안에서 물 분자들이 서로를 끌어당기고 벽면을 타고 올라가는 이 현상 덕분에 나무는 그 키를 유지할 수 있다. 증산작용이 일어나면 잎에서 수분이 날아가고 아래쪽 물이 다시 끌려 올라온다. 마치 숨을 쉬는 듯 물은 지구 전체의 생명 순환을 이어준다.

　물의 또 다른 놀라운 특성은 '비열'이다. 물은 쉽게 데워지지 않고 쉽게 식지도 않는다. 이것은 생명에게 엄청난 축복이다. 만약 우리가 수은이나 철과 같은 다른 액체로 이루어졌다면 외부 온도 변화에 몸이 그대로 반응했을 것이다. 태양빛이 조금만 강해도 몸이 끓을 테고 그늘 속에서는 금세 냉각되어 얼어붙었을 것이다. 하지만 물로 이루어진 우리는 그렇게 되지 않는다. 물의 비열이 크다는 것은 그만큼 에너지 변화에 둔감하다는 뜻이다. 덕분에 생명은 일정한 체온 즉 '항상성'을 유지할 수 있고 환경이 변해도 쉽게 무너지지 않는다.

　게다가 물은 투명하다. 이것 또한 놀라운 축복이다. 생명은 바다에서 시작되었다. 만약 물이 불투명했다면 빛은 깊은 바닷속까지 들어올 수 없었을 것이다. 빛이 없다면 광합성도 없다. 에너지도, 진화도 없다. 즉, 물이 투명했기에 생명은 진화할 수 있었고 오늘날의 복잡한 생태계가 가능했던 것이다. 물에게 색이 있었다면 광합성 생명체는 진화의 기회를 얻지 못했을지도 모른다.

　색과 냄새가 없고 아무 맛도 없으며 쉽게 흘러내리는 물.

　하지만 이 평범해 보이는 액체는 사실 생명을 이루는 모든 분자의 무대이자 주연이며 감독이다. 물 없이 단백질은 기능을 하지 못하고 DNA는 정보를 전달하지 못하며 세포는 형체를 유지하지 못한다. 나아가 생명은 죽음조차도 물 속에서 맞는다. 세포막이 터지면 그 안

물이 투명했기에 바닷속 광합성 생명체에게까지 빛이 전달될 수 있었다

의 내용물은 물과 함께 흘러나와 생명의 종언을 고한다. 탄생과 성장, 죽음 모두 물이라는 무대 위에서 벌어지는 것이다.

15

느낄 수도 볼 수도 없는 힘이 모든 것을 지키고 있었다:
자기장

**지구의 자기장이
10초 동안 사라진다면?** 언젠가 문득 '지구의 자기장이 사라진다면 무슨 일이 일어날까?'라는 질문을 마주한 적이 있다. 단순한 호기심이었다. 그런데 그 물음이 내 안에 지울 수 없는 상상을 남겼다. 가상의 시나리오였다. 단 10초 동안 지구를 둘러싼 자기장이 사라진다. 단지 그것뿐이다. 고작 10초. 하지만 그 짧은 시간 동안 벌어질 일들은 놀라울 정도로 크고 깊고 정교하다.

우선 자기장이란 무엇인가. 지구 중심부인 액체 상태의 외핵이 끊임없이 회전하면서 거대한 전류를 만들어내고 그것이 자기장을 형성한다. 이 보이지 않는 보호막은 우리가 흔히 말하는 '자연의 배경'일

뿐이지만 실제로는 지구의 생명을 지키는 필수적인 구조다. 마치 평소에는 느끼지 못하다가 갑자기 사라졌을 때에야 그 존재의 무게를 알게 되는 공기처럼.

태양은 언제나 우리에게 빛과 열을 준다. 그러나 그 안에는 폭력적인 에너지도 함께 있다. 태양에서 날아오는 고에너지 입자들, 이른바 태양풍은 마치 미세한 총알처럼 지구로 향한다. 이 입자들이 지구에 바로 닿는 것을 막아주는 게 바로 지구의 자기장이다. 마치 방패처럼 보이지 않는 벽이 되어 그것들을 튕겨낸다. 그런데 만약 이 방패가 단 10초만 사라진다면?

그 순간 태양풍은 직접 대기 상층부를 강타하게 될 것이다. 이 입자들은 대기권의 높은 영역, 즉 열권과 외기권을 이온화시키며 엄청난 양의 전기적 교란을 일으킨다. 그리고 가장 먼저 나타나는 현상은 눈부신 오로라일 것이다. 오로라는 원래 태양풍 입자들이 극지방의 자기장으로 끌려 들어오면서 대기 분자와 충돌해 만들어진다. 그런데 자기장이 없어진 순간 그 입자들은 전 지구적으로 뿌려진다. 한국의 하늘, 적도의 하늘, 사막 한가운데, 심지어 열대의 밤하늘에서도 오로라가 피어오를 수 있다.

그 장면은 아마 장관일 것이다. 빛이 휘몰아치고 하늘이 형형색색으로 물들며 구름이 없는 대기에서 장대한 색의 쇼가 펼쳐진다. 그러나 그 장관의 이면에는 고요한 혼란이 따라온다. 태양풍이 대기의 전리층을 건드리면 전파 통신에 문제가 생긴다. GPS 위성은 정확한

독일 노르데르나이 해변에서 관측된 오로라

위치를 잡지 못하고 항공기와 선박 군사작전에 사용되는 위성 기반 시스템도 순식간에 혼란을 겪는다. 그리고 그것은 단 10초일지라도 운송과 통신의 세계에서는 치명적일 수 있다.

하늘만 문제가 되는 것이 아니다. 태양에서 오는 우주방사선이 지구의 자기장 없이 대기 깊숙이 침투하게 된다. 물론 대기 자체도 여전히 방패 역할을 한다. 지상에 사는 사람들에게는 큰 문제가 없다. 하지만 그보다 높은 곳 예컨대 비행기 안에 있는 사람들―파일럿과 승무원 승객들에게는 방사선량이 평소보다 급격히 증가할 수 있다. 물론 10초는 짧다. 인체에 치명적이진 않겠지만 그 잠깐의 시간에도 인류의 하늘길은 취약하다는 사실을 보여주는 증거가 된다.

그리고 우리는 기술에 너무도 많은 것을 맡기고 있다. 정밀한 나침반에서 스마트폰의 위치 정보에 이르기까지. 자기장이 사라지면 나침반은 방향을 잃는다. 당장은 별일 없어 보일 수 있지만 바다 위를 항해하는 선박이나 무인지대를 날아가는 드론, GPS에 의존해 움직이는 자율주행 시스템들은 갑작스러운 오류를 겪게 될 것이다.

흥미로운 점은 이 변화는 비단 인간에게만 영향을 주는 것이 아니라는 사실이다. 많은 동물들이 자기장을 이용해 방향을 감지하고 이동한다. 철새, 바다거북, 연어, 벌⋯. 이 작은 생명체들은 보이지 않는 지구 자기장을 감지하여 수천 킬로미터를 이동한다. 10초는 그들의 삶을 바꾸지는 않겠지만 그 10초가 반복된다면 또는 지속된다면 그들은 방향을 잃고 번식지를 찾지 못하고 길을 헤맬 것이다.

북극과 남극이 바뀌면 어떻게 될까?

자기장의 기원은 지구 내부에 있다. 철과 니켈로 구성된 지구의 외핵, 그것이 액체 상태로 빙글빙글 회전한다. 이 거대한 금속 용융체의 움직임은 전류를 만들고 그 전류는 다시 자기장을 만들어낸다. 바로 이 흐름이 지구라는 행성을 둘러싼 '보이지 않는 방패' 자기장을 형성하는 것이다. 지구는 말 그대로 '거대한 자석'이다. 이 자석은 우리 눈에 보이지 않지만 항해자들은 오래전부터 그것의 존재를 느끼고 있었다.

16~17세기. 바다를 떠돌던 항해자들은 나침반이 항상 정확한 북

독일의 칼 프리드리히 가우스
수학사에서 위대한 업적을 남긴 수학자로
외계인의 존재를 믿어,
다른 행성에 생명체가 살고 있을
가능성에 흥미를 가졌다

쪽을 가리키지 않는다는 것을 알아차렸다. 처음에는 단순한 오차쯤으로 여겼겠지만 점차 그들은 그것이 단순한 오차가 아니라 '변화'라는 것을 깨닫는다. 지역에 따라 그리고 시간이 지남에 따라 나침반의 방향이 달라지는 것이다. 그렇게 인류는 지구 자기장이 완벽하게 고정되어 있는 것이 아니라 끊임없이 흔들리고 변한다는 사실을 알게 되었다.

그로부터 200여 년이 흐른 1820년경 덴마크의 과학자 한스 크리스티안 외르스테드는 중대한 발견을 한다. 전류가 흐르면 자기장이 만들어진다는 사실. 이것은 단순한 이론이 아니라 눈앞에서 바늘이 움직이며 증명된 실제였다. 그리고 20여 년 뒤 독일의 칼 프리드리히 가우스는 지구 자기장의 근원이 대부분 지구 내부라는 사실을 실험으로 증명했다. 지구가 스스로 자기장을 만들어낸다는 사실과 그것이 외핵의 움직

지구의 자기권을 시각화한 모습으로, 지구 전체를 태양풍과 우주 방사선으로부터 지켜내는 장면이다

임에 기인한다는 사실이 점차 과학적으로 증명되기 시작했다.

이렇게 밝혀진 자기장은 단순히 나침반의 방향을 정해주는 도구가 아니라 태양에서 날아오는 치명적인 태양풍과 우주 방사선으로부터 지구를 보호하는 실질적인 방패였다. 태양은 생명을 주는 존재이지만 동시에 생명을 위협하는 폭력적인 에너지도 쏟아낸다. 자기장은 그 에너지를 막아주며 생명체들이 안전하게 살아갈 수 있는 조건을 만든다.

그런데 이 자기장이 어느 날 갑자기 바뀐다면? 그것도 하루아침에 확 뒤집히는 것이 아니라 천천히 몇 천 년에 걸쳐 방향을 잃고 약해지다가 마침내 완전히 반대 방향으로 자리잡는다면? 바로 이 현상이 '자기장 역전'이다.

과학자들은 이 자기장 역전이 과거 지구 역사 속에서 수차례 있었다는 사실을 확인했다. 지층 속의 자화된 암석들은 당시 지구 자기장이 어느 방향을 향하고 있었는지를 그대로 품고 있다. 그렇게 확인된 과거의 기록을 보면 자기장이 여러 번 반전되었고 그때마다 지구는 살아남았다.

역전은 단번에 이루어지지 않는다. 먼저 자기장의 세기가 서서히 약해진다. 그리고 북극과 남극이 불분명해지며 다중 극성 상태로 접어든다. 이때는 북극도 남극도 한 군데가 아니라 여러 군데에서 나타난다. 자기장이 마치 갈피를 못 잡고 흔들리는 듯한 상태다. 나침반이 이리저리 요동치고 각 지역의 자기 세기가 들쭉날쭉해진다. 마침내 수천 년의 혼란을 지나 새로운 북극과 남극이 정해진다. 자기장은 다시 안정되지만 방향은 반대가 되어 있다.

이런 현상이 지금 벌어진다면 우리는 어떤 영향을 받게 될까?

우선 생태계는 일정 부분 혼란을 겪을 수 있다. 철새, 바다거북, 벌과 같은 동물들은 자기장을 통해 방향을 인식한다. 자기장이 약해지거나 다중 극성을 띤다면 그들은 방향을 잃고 헤맬 것이다. 하지만 생물들은 생각보다 강하다. 과거의 자기장 역전 속에서도 생명은 멸종하지 않았다. 혼란이 있었을 것이지만 그들은 적응했고 변화에 맞춰 살아남았다.

그렇다면 현대를 살아가는 우리는 어떨까?
우리의 세계는 자기장에 의존하지 않는 기술로 점점 나아가고 있다. GPS는 자기장이 아니라 위성 신호에 기반하며 통신망 역시 자기장 자체와 직접적으로 연결되어 있지는 않다. 하지만 태양에서 날아오는 고에너지 입자들—태양풍—이 자기장이 약화된 틈을 타 지구에 도달하게 되면 그것은 전자기기와 인프라에 문제를 일으킬 수 있다. 전력망, 위성 통신, 항공 항법 시스템이 교란될 가능성은 분명히 있다. 하지만 과학기술은 이를 대비하고 있다. 고장 나면 복구하면 된다. 피해를 줄일 수 있는 기술적 준비는 가능하다.

오히려 더 우려되는 것은 대기권 상층의 침식이다. 자기장이 약화되면 대기를 구성하는 가벼운 기체, 예를 들어 수소나 헬륨은 점차 우주로 빠져나갈 수 있다. 다만 이 역시 천천히 지질학적인 단위로 이루어진다. 우리가 살아있는 동안에는 크게 체감하지 못할 변화다.

결국 자기장 역전은 지구에 있어서 이례적인 사건이 아니라 반복되는 현상이다. 변화는 불편할 수 있지만 치명적인 것은 아니다. 생명체는 적응할 것이고 기술은 보완할 것이다. 실제로 이 과정에서 지구의 기후나 생태계에 심각한 변화가 일어났다는 증거는 없다. 말하자면 지구는 이미 수억 년에 걸쳐 이 역전의 시간을 견뎌온 베테랑이다. 인간이라는 새로운 생명체도 그 변화 속에서 나름의 방법으로 적응할 것이다.

다른 행성에도 자기장이 있을까?

문득 태양계의 행성들을 떠올리며 이런 생각을 했다.

덴마크의 과학자
한스 크리스 티안 외르스테드.
그는 전자기학 부분에서
전기와 자기의 관계를 발견한 것으로
알려져있다

'왜 지구만이 생명을 품었을까?'

그 물음에 '물', '기후', '대기'라는 익숙한 단어들이 스치고 지나갔지만 그날따라 나는 어딘가 더 근원적인 보이지 않는 무언가를 느꼈다. 우리가 평소엔 실감하지 못하지만 지구를 감싸고 있는 가장 든든한 보루인 자기장이 지구 외 행성들과 얼마나 다르게 작동하는지를 알게 된 순간, 나는 이 우주의 정밀한 균형에 대해 다시 생각하지 않을 수 없었다.

'핵이 움직이면 자기장이 생긴다.'

이 원리는 1820년 외르스테드가 전류가 흐를 때 자기장이 발생한다는 사실을 발견하며 탄생했다. 이후 지구 내부의 금속 핵 특히 액체 상태의 외핵이 회전하며 전류를 만들고 그것이 지구의 자기장을 형성한다는 '다이나모 이론'이 자리 잡았다. 그런데 이 원리는 지구만의 이야기가 아니었다. 태양계 전체로 시선을 옮겨 보면 훨씬 더 거대한 스케일의 자기장이 존재하고 있었다.

그 중심에는 목성이 있다. 태양계에서 가장 큰 행성인 목성은 지구 자기장의 약 2만 배에 달하는 초강력 자기장을 갖고 있다. 그 원인은 다름 아닌 '액체 금속 수소'.

처음 이 말을 들었을 땐 머리가 갸우뚱했다. 수소가 금속일 수 있다고? 하지만 목성의 내부는 지구와는 조건이 완전히 다르다. 가스 행성인 목성 내부는 상상을 초월하는 압력과 온도를 품고 있다. 이 극한 환경에서 수소는 단순한 기체가 아니라 금속처럼 전기를 전도하는 액체 상태가 된다. 이 액체 금속 수소층이 거대한 소용돌이를 이루며 회전하고 그것이 강력한 자기장을 만들어내는 것이다. 목성은 그 자체로 하나의 초대형 다이나모인 셈이다.

토성도 마찬가지다. 지구 자기장의 약 580배. 역시 액체 금속 수소층을 품고 있고 그로 인해 강력한 자기장을 생성한다. 그런데 토성은 한 가지 아주 독특한 특징이 있다. 자기장축과 자전축이 거의 완벽히 일치한다. 지구는 자기장축이 자전축에서 약 11도 정도 기울어져 있고 목성도 10도, 천왕성과 해왕성은 무려 50도 이상이나 틀어져 있는데 토성은 고작 0.01도 기울어 있다. 사실상 자전축과 자기장이 완

목성은 액체 금속 수소층으로 인해 지구 자기장의 약 2만 배에 달하는 자기장을 갖고있는 가스 행성이다. 사진은 목성의 표면

벽히 겹쳐 있다고 볼 수 있다.

과학자들은 이것이 토성 내부의 대류 운동이 아주 대칭적으로 일어나고 있다는 증거라고 말한다. 매우 안정된 내부 구조와 균일한 다이나모 작용 덕분에 토성은 자기장의 방향마저 질서정연하게 정렬되어 있는 것이다. 이것은 행성 자기장의 대칭성과 안정성 면에서 아주 이례적인 현상이다. 반면 천왕성과 해왕성은 자기장의 세계에서 말 그대로 혼돈이다.

이 두 행성은 자기장이 있긴 하지만 방향도 이상하고 구조도 매우 비대칭적이다. 자기장축은 자전축과 크게 어긋나 있으며 자기장의 세기와 방향이 지표 전역에서 요동친다. 내부의 대류 운동이 균일하지 않고 행성 전체가 안정적으로 정렬되지 않았다는 뜻이다. 마치 불안정한 심장이 요동치듯 그들의 자기장은 예측 불가한 모습을 보여준다.

그렇다면 지표가 있는 행성들 즉 수성, 금성, 지구, 화성은 어떨까? 수성은 태양과 가장 가까운 행성이다. 놀랍게도 수성에도 자기장이 있다. 하지만 지구의 1퍼센트 수준이다. 그 이유는 명확하다. 수성의 핵이 대부분 식어버렸기 때문이다. 내부가 작고 냉각이 빨라 자기장을 만들어낼 수 있는 액체 핵의 활동이 거의 멈췄다. 그러나 아직 아예 0은 아니기 때문에 그 안에 액체 핵이 남아 있다는 증거로 볼 수도 있다.

금성은 사실상 자기장이 없다. 금성은 지구와 거의 같은 크기를 지닌 쌍둥이 같은 행성인데도 왜 자기장이 없을까? 그 답은 자전에 있다. 금성은 하루가 지구 시간으로 무려 243일이다. 지구의 8개월이 지나야 금성의 하루가 끝나는 셈이다. 너무 느리게 자전하기 때문에 핵이 제대로 회전하지 못하고 그로 인해 다이나모 효과가 작동하지 않는다. 내부에 액체핵이 있더라도 회전이 없다면 자기장은 생기지 않는 것이다.

화성 역시 현재는 자기장이 없다. 하지만 과거에는 있었다. 화성 지표의 암석에 남아 있는 잔류자기가 그 증거다. 과거 화성은 핵이 활동하며 자기장을 만들어냈다. 그러나 시간이 흐르며 내부가 식어버렸고 자기장도 사라졌다. 자기장이 없으니 태양풍에 노출되고 대기마저 벗겨졌다. 지금 우리가 보는 붉은 행성은 보호막을 잃은 행성의 결과다.

결국 수금지화목토천해 이 여덟 행성 중에서 지표가 있고 강력한

지구 외에 물을 품었을 가능성이 높은 화성 역시 자기장이 없어 태양풍에 노출돼 대기마저 벗겨진 상태다. 사진은 화성의 '우바자라'

자기장을 유지하고 있는 행성은 지구뿐이다. 수성은 작고 식었으며 금성은 너무 느리고, 화성은 이미 냉각됐다. 반면 지구는 적당한 크기와 열, 적당한 자전 속도로 내부가 여전히 활발히 움직이고 있다. 외핵은 여전히 대류 운동 중이고, 자기장은 그 회전에서 끊임없이 솟아난다. 그리고 이 자기장이 태양풍을 막고 생명체를 보호하며 GPS와 위성 통신의 신뢰를 유지해주는 것이다.

우리는 땅 위에서 살아야 하는 생명체다. 그리고 땅이 있는 행성들 가운데 오직 지구만이 온전한 자기장의 보호를 받고 있다. 우리는 물이 있어야 살아가고, 공기가 있어 숨을 쉬며, 빛이 있음으로 에너지를 얻지만 그 모든 기반 위에는 보이지 않는 자기장의 손길이 있다. 그 손길이 끊임없이 지구를 감싸고 있었기에 우리는 고요하지만 안정된 진화를 이어올 수 있었다.

자기장을 다시
만들기 위해서는?

어느 날 불쑥 지구가 아닌 곳에서 살아야 한다면 어디가 좋을까 하는 쓸쓸한 질문을 품고 화성을 떠올렸다. 대기압은 지구의 1퍼센트밖에 안 되고 숨 쉴 공기와 흐르는 물이 없는 황량한 세계. 하지만 동시에 인간의 과학이 가장 집요하게 매달려온 두 번째 고향이자 우리가 두 발 딛고 설 수 있는 어쩌면 유일한 행성.

그런 화성에서 가장 결정적인 문제는 바로 자기장이 없다는 것이다. 지구처럼 강력한 자기장이 없기 때문에 태양에서 날아오는 고에너지 태양풍에 무방비로 노출된다. 이 태양풍의 입자들은 대기를 조금씩 깎아내고 수십억 년에 걸쳐 화성을 생명 없는 사막으로 만들었다.

"화성에 자기장을 다시 만들 수는 없을까?"

이제 인류는 그 근본적인 물음을 진지하게 붙잡기 시작했다. 원리는 간단하다. 핵을 다시 움직이면 된다. 화성의 핵은 식어 있다. 움직이지 못하니 자기장이 없다. 그렇다면 다시 움직이게 만들면 될 것 아닌가?

가장 먼저 떠오르는 아이디어는 '핵을 다시 데우는 것'이다. 즉 화성 내부 깊숙한 곳, 정확히는 핵 근처에 강한 열을 주입해서 고체화된 금속핵을 다시 액체 상태로 되돌린다는 발상이다. 그리고 그 액체금속이 대류 운동을 일으키면 다이나모 효과로 인해 자기장이 생성될 수 있다.

그렇다면 어떻게 핵에 열을 줄 수 있을까? 거론되는 가장 과격한 방법은 핵폭탄을 터트리는 것이다. 엄청난 열과 압력으로 화성의 핵을 강제로 데우는 방식. 하지만 이건 말로는 쉬워 보여도 실제로는 거의 불가능에 가깝다. 지구에서도 인류가 가장 깊게 뚫은 구멍은 고작 12킬로미터. 지구의 반지름이 6,400킬로미터인데 단 0.2퍼센트도 못 들어간 것이다. 화성의 핵까지 도달하려면 수백 킬로미터, 아니 수천 킬로미터를 뚫어야 한다.

그 깊은 곳에 핵폭탄을 넣는다? 현실적으로 기술과 자원, 시간과 에너지를 모두 고려했을 때 불가능에 가깝다.

그래서 나온 두 번째 방법은 '자기장을 인공적으로 만들어 화성을 둘러씌우자'는 것이다. 자연적으로 화성이 자기장을 다시 얻는 것이 어렵다면 화성 궤도에 거대한 초전도 자석을 띄우자는 것이다. 일종의 위성처럼 인공 자기장 생성 장치를 설치해서 화성 전체를 우주에서부터 보호하겠다는 발상이다.

이 장치는 태양풍의 입자들이 화성의 대기권에 닿기 전에 튕겨내는 역할을 할 것이다. 이론적으로는 그럴듯해 보인다. 하지만 문제는 에너지다. 초전도 자석을 우주에서 가동하려면 엄청난 전력을 끊임없이 공급해야 한다. 또한 방대한 크기의 자석을 어떻게 띄우고 어떤 구조로 유지할 것인가? 이 역시 현재의 기술 수준으로는 기하급수적인 비용과 자원을 요구한다.

세 번째 방법은 조금 더 실용적이다.

**"화성 전체 말고
인간이 살 곳만 보호하면 되지 않을까?"**

즉 화성 정착지에만 국소적으로 인공 자기장을 만들어주는 '국소 자기장 생성 시스템'이다. 소형 핵융합 발전소를 건설해서 정착지에 보호막처럼 자기장을 씌우는 방식이다. 예를 들어 기지를 감싸는 돔 형태의 자기장 혹은 건물 내부의 전자기 차폐막 같은 것이다. 이 방법은 지금까지 나온 방법 중 가장 현실에 가깝다.

화성 전체를 커버하지 못한다는 단점이 있지만 국소적으로는 적용 가능성이 있다. 그러나 여전히 우리는 핵융합 발전기조차 지구에서 완성하지 못한 상태다. 인공 태양이라 불리는 핵융합 기술이 실용화된다면 그때쯤 비로소 국소 자기장 방어막이 가능해질지도 모른다.

다음 아이디어는 다소 SF적인데 화성 전체를 둘러싸는 거대한 전도성 고리를 설치하는 것이다. 고리에 전류를 흘려 자기장을 생성하고 화성을 외부에서 둘러싼다. 마치 행성을 도넛처럼 감싸는 전자기 구조물이다.

이런 상상은 이론적으로는 가능하지만 실제로 구현하기 위해서는 우주 공학의 경이적인 도약이 필요하다. 지구와 화성을 오가며 거

거대한 전도성 링을 둘러싼
화성 상상도

대한 고리 구조물을 만들 자원과 그 고리를 지탱하고 유지하며 지속적으로 에너지를 공급할 기술 그 모든 것이 현재로서는 꿈에 불과한 일이다.

그래서 결국 가장 현실적인 방법은 다시 이렇게 귀결된다. 화성의 대기 자체를 복원시키는 것. 즉, 자기장을 만드는 게 아니라 두꺼운 대기로 태양풍을 막아내는 것이다. 화성의 극지방에는 아직 얼어붙은 이산화탄소와 물이 존재한다. 이것을 녹이면 이산화탄소가 방출되어 대기를 형성할 수 있다.

대기를 두껍게 하면 지구처럼 자기장이 없어도 어느 정도 방사선을 막을 수 있다. 이는 지구의 온실가스 효과를 역으로 활용하는 셈이다. 하지만 이 방법의 문제는 대기가 오래 버티지 못한다는 것이다. 자기장이 없으면 태양풍은 결국 대기를 다시 깎아내리기 시작한다. 몇십만 년, 몇백만 년이 지나면 다시 지금처럼 얇아진다. 결국 근본적인 해결은 되지 못한다.

"그럼 대체 언제쯤 우리는
화성에 자기장을 만들 수 있을까?"

과학자들은 말한다.

"에너지 효율이 지금보다
수십만 배 더 좋아지면 가능하다."

결국 우리가 꿈꾸는 '핵융합 발전'이 현실이 되면 그때쯤 가능하다는 이야기이다. 핵분열이 아닌 태양처럼 스스로를 유지하며 끝없이 에너지를 뿜는 발전 시스템. 그 기술이 인류의 손에 들어오면 우리는 마침내 화성을 되살릴 수 있을 것이다. 화성의 하늘을 다시 푸르고 대기는 두껍게, 자기장은 넓게 펼칠 수 있을 것이다.

그날이 언제 올지는 아무도 모른다. 하지만 언젠가 아주 멀지 않은 미래에 붉은 별 위에서 인간이 자란 지구의 자기장처럼 자신만의 자기장을 발명해내는 날이 오지 않을까.

생물의 왕국 초대석:
자연이 묻고 이정모가 답하다

> **QUESTION**
>
> 공룡이 한때 지구를 지배했지만, 지금은 멸종된 지배자로 기억되고 있지. 인간은 먼 훗날 어떤 모습으로 살아남을 거라고 생각해?

ANSWER

먼 훗날이 되어도 너희 생물들이 기억하는 우리의 모습은 지금과 크게 다를 것 같지는 않아. 왜냐하면 진화가 일어나기 위해서는 '유전적 부동 genetic drift, 遺傳的 浮動' 현상이 일어나야 하기 때문이야. 유전

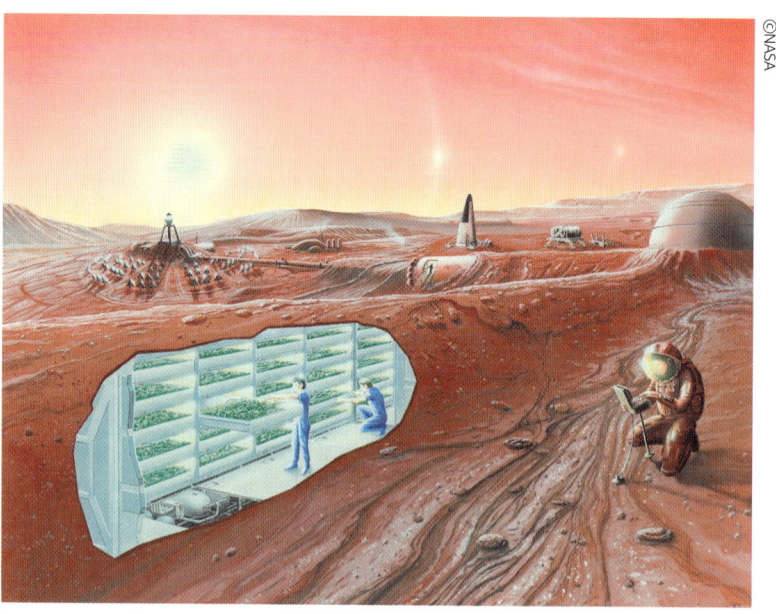

화성에 정착한 인류의 모습을 그린 상상도

적 부동이란 개체군 크기가 작은 집단에 어떤 사건으로 인해 특정 대립 유전자의 빈도가 급격하게 증가하거나 감소하는 현상을 말 해.

그런데 인간은 현재 개체 수도 많고 이동성이 너무 좋아서 유전자가 끊임없이 섞이기 때문에 유전적 부동이 일어나는 게 사실상 불가능해. 따라서 개체 인간은 멸종되지 않는한 지금과 큰 변화가 없을 것 같아. 인간은 먼 훗날에도 지금과 비슷한 모습일 거야.

지금과 다르게 생긴 인간을 기대한다면 우리가 화성으로 이주하려는 노력을 응원해주어야 해. 화성으로 이주한 일부 인류는 지구인과는 다른 모습으로 살아남을 수도 있을 테니까.

> **QUESTION**
>
> 다리가 없는 뱀의 입장에서, 우린 진화를 거쳐 발을 잃었지만 인간은 뭘 포기했을까? 혹시 네 삶에도 널 묶어 놓고 있는 불필요한 것들을 제거하거나 혹은 제거해야 할 것이 있다면?

ANSWER

왜? 인간은 뭔가 얻기만 하고 포기는 하지 않았을 것 같아? 그렇지 않아. 우리 인간도 진화하면서 많은 것을 포기했지. 진화는 선택만으로 이뤄지는 것은 아니야. 많은 것을 거절하고 적응하면서 인간이 되었어.

몇 가지만 이야기 해 줄게. 첫 번째는 강강한 근력이야. 못 믿겠다고? 생각해 봐. 우리는 700만 년 전에 침팬지와 같은 조상에서 갈라섰어. 그런데 침팬지는 우리보다 3~5배나 근력이 강하다고. 우리는 근력을 포기하는 대신 정교한 도구 제작 능력과 정교한 언어 그리고 고도의 협력 능력을 얻었지. 두 번째는 풍성한 털이야. 인간은 영장류 가운데 유일하게 털을 포기하는 대신 땀샘을 선택했지. 이게 주효했어. 땀샘이 있으니까 체온을 정교하게 조절하게 되더라고. 덕분에 우리는 장거리 달리기 선수가 되었지.

이 외에도 많아. 야간 시력도 그 가운데 하나지. 밤에 잘 보는 능력을 잃었어. 괜찮아. 우리는 주로 낮에 생활하면 되니까. 다양한 음식을 소화하는 능력도 포기했어. 턱이 작아지고 위장도 작아졌지.

인간의 진화와 협력하는 존재로의 성장

그래서 생고기를 잘 못 먹어.

그런데 항상 그렇듯이 포기하는 게 있으면 얻는 것도 있더라고. 대신 우린 익힌 음식에 특화된 소화계를 갖게 되었어. 덕분에 뇌도 커지게 되었고. 가만 보면 우리는 더 약하고, 의존적인 존재가 되었어. 그래도 괜찮아. 생존의 무기가 신체에서 뇌로 옮겨진 거니까. 아무튼 우리는 생각하고, 상상하고, 협력하는 존재가 되었어.

> **QUESTION**
>
> 벌꿀오소리인 나는 독사도 두렵지 않은데,
> 인간은 왜 그렇게 겁낼 일이 많은 걸까?
> 인간에게 '두려움'과 '공포'란 매커니즘이
> 작용하게 된 계기가 있다면?

ANSWER

두려움과 공포는 생존을 위해 정교하게 설계된 경보 시스템이야. 하늘에서 툭 떨어진 것은 아니고 오랜 진화의 산물이지. 초기 인류가 살던 환경을 떠올려봐. 포식자가 어슬렁거릴지도 모르는 밤에 어디서 낯선 소리가 난다고 가정해보자. 풀숲에서 갑자기 '사각' 소리가 난다면 이게 뭘까? 곰일수도 있고 그냥 바람일 수도 있어. 이 상황에서 가장 안전한 대처 방법은 일단 도망가는 거지.

이때 반응이 한참 있다가 나오면 이미 늦어. 즉각적인 반응이 일어나야 하지. 그 역할을 하는 뇌 부위가 있어. 바로 '편도체 Amygdala'야 편도체는 감각 정보를 빠르게 받아들이고 그 정보가 생존에 위협이 되는지를 판단한 뒤 즉각적인 생리 반응을 일으켜. 심장이 빨리 뛰고, 근육에 피가 몰리고, 땀이 나. 몸이 싸울 준비 또는 도망갈 준비를 하는 거야.

싸움이냐 도망이냐? 이걸 영어로 표현하면 라임이 딱 맞아. fight or flight? 인간은 확실히 다른 동물보다 겁이 많아. 그럴 수밖에 없는 게, 두려움을 느끼는 뇌 부위가 아주 발달했거든. 바로 전전두엽

prefrontal cortex 이야. 미래를 예측하고 상상하는 능력을 제공하는 그 부위지. 전전두엽 덕분에 우리는 '아직 일어나지 않은 일'도 두려워할 수 있는 능력이 있는 거야. 겁이 많은 것은 결코 나약한 게 아니야. 오히려 살아남은 자의 전략이자, 우리 조상의 유산이지. 앞으로도 열심히 겁내자고.

장어인 내 출생의 비밀을 아직도 모르겠다고?
그런데 그걸 알게 되면 인간들이 겪는 '기원'에 대한
궁금증도 풀릴 수 있을까?
인간은 왜 기원과 뿌리에 집착하는 걸까?

ANSWER

　이런 질문을 받으면 나는 '우리는 어디서 왔는가? 우리는 무엇인가? 우리는 어디로 가는가?'라는 제목의 그림이 떠오르더라고. 1897년, 프랑스 화가 폴 고갱이 타히티에서 인생의 절정기이자 절망기의 혼란 속에 그린 그림이야. 언뜻보면 풍속화처럼 보이지만, 자기 존재의 의미를 찾는 인간의 깊은 내면의 갈등을 보여주는 그림이지.
　그림의 한쪽에 등장한 어린이가 중년의 여인으로 그리고 이윽고 죽음을 앞둔 노인으로 변신하는 인간 존재의 서사를 펼치지. '우리는

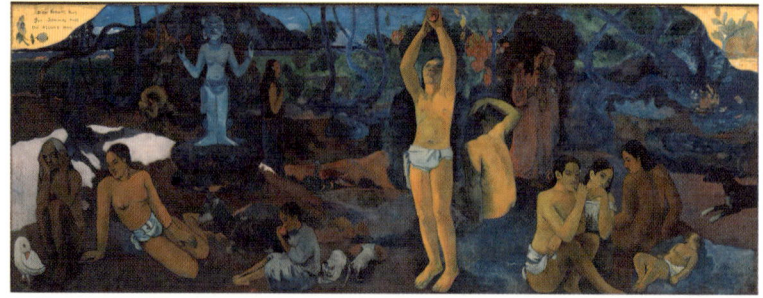

폴 고갱, 〈우리는 어디서 왔고, 우리는 무엇이며, 우리는 어디로 가는가〉(1897)

어디서 왔는가?'라는 질문은 단지 생물학적이거나 문화적 기원만 묻는 것은 아니야. 그건 곧 '나는 누구인가?'라는 질문의 출발점이지. 그래서 우리는 고향, 가족, 민족, 역사에 집착하곤 해. 진화심리학에서는 이걸 사회적 연대감, 생존 전략, 정체성 유지에 중요했기 뿌리에 대한 집착이 선택되었다고 설명하지.

QUESTION

펭귄인 나는 얼음 위에서 협력하며 사는데,
인간은 왜 그렇게 각자도생일까?
인간들이 생물들의 진화를 보며 느끼는
'경쟁'과 '협력'은 어떻게 다를까?

ANSWER

이런 질문에 대한 대답은 단순한 흑백논리가 아니라, 진화라는 복잡한 드라마를 통해 설명해야 할 것 같아.

겉으로 보면 인간은 서로 경쟁하며 살아가는 것 같지. 입시 경쟁, 취업 경쟁, 승진 경쟁, 부의 축적…. 서로를 이기기 위해 끊임없이 달리고 '남보다 뒤처지면 도태된다'는 불안 속에서 하루를 살아가지. 이렇게 보면 우리는 '인간은 이기적이고, 각자도생의 존재'라고 느끼게 돼.

하지만 이건 진실의 절반만 본 것이지. 진화는 경쟁만으로 이뤄지지 않았어. 경쟁과 더불어 협력 또한 진화의 핵심 원리야. 개미와 꿀벌은 놀라운 수준의 사회적 협동을 보여주지. 박테리아도 신호물질로 서로 협조하며 자원 활용을 조절해. 심지어 인간의 몸속 장내 미생물도 우리와 협력해 소화와 면역을 담당하고 있고. 이처럼 자연은 경쟁과 협력이 공존하는 장이야.

물론 인간도 예외가 아니지. 인간은 '협력하는 경쟁자'야. 인간 진화의 유별난 특징이 바로 초사회성 hyper-cooperation 이라고 할 수 있어. 인류는 협력을 통해 불을 다루고 사냥하고 농사짓고 도시를 건설

고도로 조직화된 협력 체계를 보여주는 개미사회

했지. 물론 이 협력은 완전히 무조건적인 이타성에서 비롯된 것은 아니야. "협력하면 나에게도 이익이 있다"는 조건부 이타성에 가깝지.

인간은 서로 협력하지만, 그 안에는 이익의 분배, 공정성에 대한 기대, 신뢰와 배신의 감시가 함께 작동해. 그러니까 이웃에게 진심으로 잘 해야 해.

> **QUESTION**
>
> 땅늘보로서 내 속도는 느리지만,
> 그만큼 오랫동안 살아남았어.
> 빠르다고 해서 반드시
> '더 좋다'는 법은 없는 것 아닐까?

ANSWER

빠르다고 해서 반드시 더 좋다는 법은 없어. 땅늘보야 말로 그 반대를 증명하는 존재라고 할 수 있지. 땅늘보의 느림은 진화적 선택이야. 인간의 눈에는 게으르고 둔한 동물처럼 보이지만, 이 느림은 철저히 생존을 위한 전략인 거야. 먹는 잎은 칼로리가 낮고 소화가 매우 느

지상에서 가장 빠른 동물(최고 속력 112km/h)로 알려진 치타

려. 빠르게 움직였다간 금방 굶어죽을 거야. 정글처럼 시야가 복잡한 곳에선 천천히 움직이면 포식자의 눈에 잘 띄지 않아. 대사 속도가 낮아 기후 변화나 식량 부족에도 비교적 잘 견디고.

특히 땅늘보는 에너지를 덜 쓰고 오래 살아남는 길을 선택했어. 빠른 생물은 빠르게 살고 빠르게 사라져. 치타는 먹이를 쫓아 빠르게 달리지만, 그만큼 에너지 소비가 크고 외부 환경 변화에 민감해. 지금은 개체 수가 급감해 멸종 위기에 놓였지. 진화는 단지 빠르고 강한 개체를 선택하지는 않아. 환경에 적응하고 오래 살아남은 개체가 선택된 거야. 속도는 한 가지 전략일 뿐이지 절대적인 우월함이 아니야. 속도보다 중요한 건 방향이고, 생존은 결국 균형이야.

QUESTION

하늘을 나는 새의 입장에서 묻는 건데 말이야,
인간은 육지를 정복하고 두 발로 잘 다니면서
왜 그렇게 하늘을 날고 싶어 하는 걸까?

ANSWER

인간은 중력을 거스르고 싶은 존재인 것 같아. 이건 단순한 이동의 욕망이 아니야. 경계를 넘고자 하는 마음, 제한을 뛰어넘고 싶은 본능, 그리고 자유에 대한 갈망이지. 그렇잖아. 하늘을 날고 싶은 마음은 생존과 직접 관련 없는 욕망이야. 그래서 더 특별하지.

인간은 날지 못하는 몸을 가졌지만, 하늘을 상상하는 뇌를 가졌

수많은 노력끝에 하늘을 품게된 인간

어. 인간은 새가 되려는 게 아니야. 인간의 방식으로 날고 싶은 거지. 그래서 인간은 몸에 날개를 다는 대신 기계를 만들고 공기를 이해하고 물리 법칙을 꿰뚫어 하늘을 정복했지.

그런데 참 아이러니 하지 않아? 그렇게 노력해서 하늘에 겨우 닿고서 하는 얘기가 "땅은 참 아름답구나!"잖아. 아무튼 더 넓은 세상을 보고 싶다는 마음은 새와는 다른 방식으로 하늘을 날게 해주었어. 이것도 진화의 결과지.

> **QUESTION**
>
> 사하라 사막인 나도 알고 보면 옛날엔 푸른 숲이었는데,
> 자연이 이렇게 변덕을 부려도
> 인간은 제대로 대비하고 있는 것일까?

ANSWER

　사하라 사막 네가 지금은 바람만 휘몰아치는 모래바다이지만 불과 5천 년 전에는 초원과 호수가 펼쳐진 생명의 터전이었다는 것은 나도 인정해. 수많은 호수와 강이 흐르고 기린, 코끼리, 하마 같은 대형 동물이 살았으며 사람들은 물가에서 고기잡이와 농사를 짓고 살았지.

　그럼 왜 지금은 이렇게 말랐을까? 기후가 변했기 때문이지. 지구 자전축이 변하면서 계절풍 monsoon 이 북쪽으로 올라오면서 사하라에 비를 가져왔어. 다시 수천 년 후 다시 남쪽으로 내려가면서 사하라는 건조해지고. 이렇게 기후는 자연스럽게 변하는 거야.

　지금 인간이 겪고 있는 문제는 많이 달라. 기후가 너무 빠르게 그리고 인간의 영향으로 변하고 있지. 자연의 변덕에 인간은 대비하고 있을까? 자연은 언제나 변해왔어. 하지만 옛날에는 수천 년에 걸쳐 천천히 변화했고, 지금은 몇십 년, 심지어 몇 년 사이에도 기후가 급변하고 있다는 게 문제지. 단지 더워지는 게 문제가 아냐. 생물다양성이 붕괴하고 식량과 물 위기가 닥쳐온다는 게 문제지. 이미 전 세계에서 벌어지고 있는 일이지만, 인간은 여전히 단기 이익, 국가 간 이견, 과학에 대한 불신 때문에 제대로 된 대응을 하지 못하고 있어. 걱정이야.

> **QUESTION**
>
> 불인 나는 인간에게 큰 힘을 줬지만
> 제멋대로 타오르면 모든 걸 태워버리잖아.
> 인간은 나를 제대로 길들였다고 생각해?
> 아니면 아직도 불이 좀 무서운 거야?

ANSWER

"불을 길들였다"는 말은 인간 진화사에서 가장 위대한 승리처럼 들리지만, 솔직히 말하면 인간은 아직도 불을 완전히 길들인 게 아니야.

불을 두려워하는 감정은 여전히 남아 있지. 불을 사용할 줄은 알지만 완전히 지배하지는 못해. 불은 문명의 어머니이지만 늘 통제불능의 위험 요소이기도 하지. 산불 하나로 도시 하나가 사라지기도 해. 가스 누출로 인한 폭발은 지금도 발생하고. 후쿠시마 원자력 발전소 사고도 결국 불을 잘 다루지 못한 것이지.

얀 코시에르,
〈불을 훔친 프로메테우스〉(1637),
스페인 마드리드, 프라도미술관

기후 변화로 인한 대형 산불은 점점 더 빈번해지고 있어. 인간은 불을 쓸 수 있게 되었을 뿐, 불이 가진 자율성과 파괴성을 완전히 제거하지는 못했어. 그러다보니 인간의 뇌에는 불에 대한 공포가 아직 남아 있지.

흥미롭게도 어린아이들도 불을 본능적으로 조심해. 무섭게 타오르는 불꽃은 인간의 편도체를 자극해서 공포 반응을 일으키거든. 불은 늘 이중적인 존재야.

그리스 신화에서 프로메테우스는 불을 훔쳐 인간에게 주었지만 그 대가로 끔찍한 형벌을 받았지. 지옥은 타오르는 불로 묘사돼. 불은 창조와 정화의 상징이지만 동시에 벌과 파괴의 상징이기도 해. 왜 그렇겠어? 인간이 아직 불을 제대로 길들이지 못했기 때문이지.

그런데 항상 그렇지만 두려움은 좋은 거야. 불에 대한 두려움 때문에 우리 문명이 유지되고 있는 거야. 우리에게 불을 두려워 하는 마음이 없었다면 우리 인류는 이미 존재하지 못할 거야. 벌써 사라졌지.

> **QUESTION**
>
> 외계인인 나도 어딘가에서 인간의 신호를 기다리고 있는데, 정작 그 신호를 받은 내가 과연 너의 메시지를 알아들을 수 있을까?

ANSWER

그럼! 우리 인간은 1974년에 자네들에게 이미 신호를 보냈어. 아레시보 메시지라고 하지. 우리가 보냈으니 언젠가는 자네들이 받겠지. 자네가 걱정하는 것은 우리가 보낸 신호를 알아들을 수 있겠느냐는 거지? 충분히 이해할 수 있을 거야. 왜냐하면 우리가 기가 막힌 방식으로 신호를 보냈거든. 아마 신호를 받자마자 자네들은 눈치챌 거야. 걱정하지 마.

아레시보 메시지를 송출한 '아레시보 천문대'의 전파 망원경

그래도 말이 나온 김에 살짝 힌트를 주자면 우리가 보낸 메시지는 이진법으로 구성된 수학, DNA, 태양계, 인간의 모습을 담은 논리적 언어라는 거야. 그러니까 우리의 문명을 인정하겠다는 열린 마음만 있으면 충분히 우리 메시지를 알아들을 거야. 우리 인류는 잘하고 있냐

고? 아니, 사실 잘 못해.

우리는 고래의 노래를 수십 년째 듣고 있지만 그 안에 담긴 문법이나 의미를 완전히 해독하지 못했거든. 하지만 자네들은 우리가 보낸 메시지의 의미를 쉽게 찾을 거야. 우리가 보낸 메시지는 너처럼 조용히 기다리는 누군가에게 보내는 시야. 답장 기다릴게.

도판 출처

위키피디아
18, 28, 61, 67, 68, 71, 75. 78, 82, 84, 111, 120, 139, 141, 142, 147, 150, 152, 170, 171, 177, 183, 185, 187, 194, 195, 199, 203, 207, 218, 247, 258, 269, 271, 272, 275, 277, 279, 286, 289, 292, 301, 303쪽

게티이미지뱅크
25, 32, 34, 38, 40, 42, 46, 55, 57, 88, 94, 97, 98, 103, 113, 119, 124, 127, 129, 156, 157, 161, 166, 179, 180, 191, 209, 211, 251, 261, 295, 296, 298쪽

어썸엔터테인먼트 / AI Image
20, 21, 23, 49, 63, 79, 81, 90, 92, 109, 116, 131, 134, 143, 145, 162, 168, 181, 213, 215, 222, 224, 230, 232, 234, 237, 242, 245, 254, 257, 266, 283쪽

생물의 왕국
우리는 왜, 그리고 어떻게 살아남았는가?

초판 1쇄 발행	2025년 7월 4일
초판 3쇄 발행	2025년 11월 28일

지은이	이정모
펴낸이	정재훈, 김재석

편 집	최창원, 김지윤
기 획	모양태, 정윤수, 구태윤, 최창원
디자인	이창욱
마케팅	윤강희

펴낸곳	책과삶
출판등록	제2025-000030호
주소	서울특별시 성동구 연무장5가길 25 SK V1 Tower 1006호
전화	02-6956-3181 팩스 070-5089-5992
인쇄	예림인쇄

✉ booksnlife25@gmail.com   @booksnlife25   b| blog.naver.com/booksnlife_
ISBN 979-11-993278-0-1(03470)

- 책값은 뒤표지에 있습니다.
- 파본은 구매처에서 교환하실 수 있습니다.
- 이 책은 저작권법에 의하여 보호를 받는 저작물이므로 무단 전재와 복제를 금합니다.

『책과삶』은 독자 여러분의 소중한 원고를 기다립니다.
삶을 깊이 있게 바라보는 당신의 이야기를 들려주세요.